獻給不想讓自己那麼爸爸媽媽的父母

It's homework
From one parent to another

―――――

與新世代的爸爸媽媽，一起重新討論家裡的「家事」與「心事」

成家有好多不會的事情，不會來自於，從來沒有機會好好學習，而生活立即地向你驗收，成績好壞，都算在整個家庭上。

Homework 是一份抄隔壁同學可能比較快，但還是得打從心裡自己寫，才會寫得好的「家庭作業」；是有時候不太想做，但要是和家人一起完成，整個家會更快樂的「家事」；總括來看，這份作業、這些家事，我們的生活就此以「家庭號」的度量來看待了！

我們很幸運，在資訊不虞匱乏的時代成為父母，碰到不會的事情就可以在網路上獲得一些眉目，但要搜尋的事太多了，我們很少正視父母即便有了孩子，也還是完整的個體，成家不只鑽研育兒，也是大人再次長大的機會。Homework 討論成家之後會遇到的議題，親子關係裡的各種感官活動。我們（不得不）跟著孩子的成長一起探索，既然育兒的地獄是，時間再也不屬於自己。那麼，就在「一起的時間」裡想想有什麼一起快樂的可能性。

因為還不會，我們拜訪許多家庭，看看大家怎麼寫這份屬於家庭的作業。Homework 有三個核心概念，第一是取材真實家庭。世界上有各式各樣的家庭，但卻都會遇上差不多的問題。看看育兒指南落入尋常人家之後變得怎麼樣，透過各式父母面臨狀況的思考，提供育兒的各種想像。在主題家庭故事 II 的豆豆一家將農耕作為日常實驗，而小孩並沒有順應食

農的理念，就此愛上吃飯，倒是開啟各種以蔬果創作的遊戲。專家所推行的食育，在豆豆身上成了創作欲！期待讀者也面對自己真實的模樣，寫出你們家的育兒風格。

第二，要向試圖在此找尋育兒方程式的父母感到抱歉，Homework 顧名思義就是一份正在寫的作業，我們不提出育兒準則，而是從準則下鑽過去，看見更多思考的可能。在 # 料理俱樂部，Shelly 告訴我，社會將他的兒子貼上高度需求寶寶的標籤，但和兒子朝夕相處的她解讀是「他有需求，只是不會直接說。」他們一家下廚不是存著孩子吃得更多更好的目的，而是在互相幫助的過程中，知道家庭成員們各自需要的份量和喜好。我們都在不標準中學習，學習珍視差異的獨特性。

第三是建立在感知上，真正重要的東西是看不見的，在無能被量化與考究的精神生活上相互溝通，是 Homework 希望傳遞的價值。主題家庭故事 I 的橘 sir 說他是有了小孩才開始愛自己，無論如何孩子是我們的延伸，養育小孩是認識自己的明鏡，我們這份家事有很多心裡事要學習。

很開心這本被你拿了起來，獻給成為父母的你，也給有機會成為父母的你。讓我們一起成為不那麼爸爸媽媽的父母，與孩子學習，用大人式精確的愛過生活吧！

Editor in Chief 主編｜劉秝緁(zz)

Homework:

要吃？不吃？
—Homework 家庭號特輯

發行人 Publisher
簡鸝瑩

主編 Editor in Chief
劉秝緁

執行編輯 Editor
劉怡青

美術總監 Art Director
張思倚

設計 Design
程維德

總顧問 Not just a consultant
林萱穎

數位經理 Digital Manager
劉芳妙

法律顧問 Legal counsel
遠東萬佳法律事務所　鍾亦琳律師

印刷 Printing
小福印刷 FUFU PRINT INC.

初版 First Edition
2022年03月31日

定價 Price
新臺幣450元

ISBN
978–626–95853–0–4

出版單位 Publishing House
雷瑞德國際有限公司 Thunder Road Ltd.
臺北市大安區復興南路1段200號9樓及9樓之1
(02)8771-9750

台灣總經銷 Taiwan Distribution
大和書報圖書股份有限公司
新北市新莊區五工五路2號
(02)8990-2588

support@homework.com.tw
Homework.com.tw

怕全心投入成了用心媽媽，卻不見了自己

關於結婚後有沒有要生小孩，我一直保持順其自然的想法，在過了三年自由自在的兩人生活後，大女兒出現了。除了每天的身心勞力活，心裡還是想要讓這一切好玩一點，怕全心投入成了用心媽媽，卻不見了自己。工作設定也是，身為一個喜歡小孩的眼科醫師，潛意識裡一直還有其他想做的事。這個紙本的誕生，和兩年前懷了二女兒一樣，是令人開心的驚喜。在一次活動籌備過程中，我被主編 zz 的提案打動，她說「我們辛苦工作，把好玩的都留給小孩？」，同為對生活充滿熱情與研究精神的獅子座，同為想要做個不那麼爸爸媽媽的大人，我忍不住回應「要不要來做一系列我們自己也想想看的內容？」，這就是「Homework/ 家庭號」的開始。

當媽媽跟做出版一樣，要動很多腦筋，下很多苦工。在這個訊息量爆炸的時代，自認屬於冷靜派、偏放鬆家長的我，有時也會在上網搜尋答案的過程中，進入一個微微焦慮的狀態，太多東西要過濾吸收，還要學會應用在每天都有新變化、新挑戰的育兒之路上，這一切真的太不容易了！當初取名 Homework / 家庭號，就是直接了當的說，「Home is a lot of work，和家有關的事，真的做 (學) 不完」。但我們不是要來讓彼此更緊張，而是想要藉由進入各個不同家庭的日常，提供一些 ideas，讓走在這條漫長道路上的大人們，除了陪伴，也看見心裡那個小時候的自己。

我們期望 Homework 是一本真實、有溫度的書，沒有那麼多教養的焦慮，是給父母的精神食糧，喚回和小孩一起過生活時，各種快樂的可能性！

發行人 | 簡鸝瑩 Eileen

當回孩子，還不算太遲

沒想過自己會做親子主題的書，我其實不擅長和小孩相處，不知道要怎麼互動，也可能是太依賴語言了，覺得沒有話語溝通就難投其所好。小實出生之前，z 去算命，算命師說妳去養植物吧。我一直記著這件事情。那陣子我們都在讀《和一棵樹聊天，聽他的人生哲學》這本書，作者是動植物溝通師，邊讀邊笑但又覺得受啟發好多——原來各式各樣植物的宇宙觀長這樣嗎？和人類好不一樣。後來想想，算命師給的建議原來十足具有建設性，嬰兒和植物一樣，和大人沒有共通語言，可都有自己的脾性，無論於性情或於生理構造。沒有語言，所以你要觀察，並不能把自己的生命經驗完全加諸其上，跟養不同種類植物一樣；要每天澆水的，又或一週一次，總沒有一套標準能照料好所有個體。

印象深刻有次跨夜採訪，難得地和兩嬰相處兩天一夜。飯前，小實手拿著啃到一半的麵包突然哭起來，是想睡了嗎？還是渴或冷？z 淡淡地安撫著對她說：「沒事啦沒事」並接著解釋，「她應該是覺得麵包太硬咬不下來很挫折。」總是在這樣一個瞬間我會想起大人——我們這些大人。「感到挫折時想哭難道不是本能嗎？」而我們又多久沒有好好正視這樣會想哭、會難過的自己了？搞砸了一個案子，或對一段關係束手無策的時候，卻想要抑制那個因為挫折而想哭的本能。為什麼不可以？如果我們能允許小孩擁抱這些情緒，長大是否就能一面堅強又一面對自己溫柔了？

與這些受訪家庭接觸的過程，其實更在意家庭裡的大人。他們身上都有小孩的痕跡，一些是真的來自他們身邊的小孩——走路時多了一點耐性，知道小短腿走五百公尺 (還是三百？哈哈哈哈) 就會累，或孩子身上沾著食物滴落的醬汁，仍不怕髒的去攬——但也有些是來自自己的內在小孩。想要彼此多一點陪伴，想要出遊時能一起好玩，想要讓小孩相信山上住著龍貓，想要偶爾翻倒牛奶也沒關係。這些「想要」無不是從自己內心裡的小孩長出來的。

我想，當回小孩，即便成人後一切也都不算太遲。看著這些最乾淨、原始的生命，原來能被這樣飼育長大，我們也能同樣重新照顧自己的內在小孩；或許你也試試看用手去抓一口水果優格嚐嚐？或試著搞砸一件生活上不怎麼嚴重的事情。你會發現，自己仍依然可愛耶。

「看著這些家庭，會有那麼一個瞬間覺得，要是自己能被這樣養育長大就好了。」

執行編輯 | 劉怡青

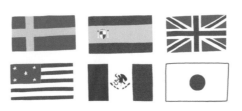

Eat, Please

要吃? 不吃?

———

主題家庭故事是延伸出這本 Homework 的核心單元,我們跟上受訪家庭兩天一夜,或是兩三餐的時間,深入親子生活的真實面貌。看看別人怎麼帶小孩,看看在無能言傳的共同辛苦中,是不是都一樣,一樣在無助中化解,一樣在試錯中看見正解。家庭作為成年之後還要重新學習的體驗,看見總有一天,我們都駕輕就熟的那天。

第一期的課題,從初為家長首波被考驗的飲食著手,論幼兒飲食有多令人頭痛,從盯著奶瓶的 ml 數,到在調味料和營養成分上斤斤計較。題目從本來研究意味十足的「味覺記憶」,在實際採訪後發現,不如笑看成父母常說的那句「要吃不吃」。身為天下父母心的一員,這些擔憂誰不會有,在這些親訪的過程中,看見了父母們一樣的愛,各自那麼不一樣的表現。

早期人類組織家庭的原因之一,是為了合理的分配食物,一起吃飯象徵的意義,遠大過我們打發的心意。不論是要吃還是不吃,我們在這個過程更加認識彼此,更在喜歡吃的東西上,透露出我們是一家人。

Eat *Whatever* He Wants

愛吃什麼吃什麼

觀察屬於孩子的生命慾望
台中 aged、橘SIR'S │ 川川家

文字 劉秝緁／攝影 叮咚

LOCATION　　台中東勢
PARENTS　　陳芝羚(aged) / 邱俊瑋(橘SIR'S)
KID　　　　川川(2y)

約在果園相見，不是特地要取景拍攝的情節，而是這家人的日常行程。通常是下午兩點，預約生態導覽的客人，會先到爸爸邱俊瑋（橘 sir）的果園繞一圈，邊繞邊採收，吃下正著時（tiȯh-sî.）的新鮮。回到住宿，媽媽陳芝羚已經做好飯，一家人會和旅客共食晚餐。這樣的住宿體驗，體驗的是這家人的生活況味。

兩年前川川的出生，讓兩個沒有打算要結婚的人，以「伴侶」定義彼此的關係，所謂的「伴」，是陪伴小孩，橘 sir 和芝羚決定以這樣的方式與彼此相伴。隨著一歲後的川川會跑會跳，居住空間的

窘迫，帶一家離開本來的生活模式，從台北市區，搬到台中山區，住近橘 sir 在新社的果園，住進一棟川川可以跑來跑去的家。

橘 sir 就近照顧果園，兩人以美感與理想，重新粉刷了家的樣貌，自家住，也作為體驗生活的雜貨屋。在果園與家園之間的川川，已經可以以他兩歲的腳力衝上果園的斜坡，指引後頭的人快跟上，懂得採收時要拿鋸子或剪刀，採下來的水果，毫不猶豫地一把送進嘴巴，回到家，還會跟著爸媽拿竹籤挑蒂頭。因川川展開的步伐，重整了這個家的生活模樣。

橘 sir 從農法的觀念延伸到養小孩，他認為：「每一個存在都有他原始的慾望，那股慾望就是野性，野性是要在尊重他是一個個體的時候，才可以保留下來的獨特性。」

與其一股腦地「我都是為你好」，不如觀察什麼是對他的好

跟著橘 sir 上果園採收，川川是還收不到籃子裡，摘到手就會吃掉的那個採收黑洞。春天他看準由紅轉黑的桑椹、初夏他有奶奶的水蜜桃園、快冬天的時候，他坐上爸爸的肩頭，在與枝頭等高的地方，享用眼前的橘子。除了枝頭上的果實，川川還會留心路邊小巧的刺波，一結出紅紅的果，就取下。芝羚說剛搬來時帶川川到山上，他是有點害怕的，一年多下來，他已經嚐遍這座山的甜頭，能夠指認每株他喜愛的滋味，並一一摘入口。

川川之所以能將剛採下來的水果直送入口，是因為爸爸的果園，不噴農藥、不施肥，農業術語說這是一種「生態農法」，對橘 sir 來說，他只是選擇盡量不去控制，讓他們「野蠻生長」，因為：「每一個存在都有他原始的慾望，那股慾望就是野性，野性是，要在尊重他是一個個體的時候，才可以保留下來的獨特性。」

橘 sir 保留獨特性的方式是：「你要放下說，ㄟ，你比他還要優越這個想法，你要把自己放到他的後面。」過度修剪與給肥料，都是慣行農法的控制欲，近似於傳統父母常說的「我都是為你好」。橘 sir 將他的農耕哲學貫徹到養育小孩，他不將果樹修剪成好採收的高度，也不投射太多期望給川川，他看待下一代和種子都是充滿智慧的新生，種子會等待適合的時機發芽，小孩其實擅於做出對的決定。

「在親子關係中，」橘 sir 指著在這片果園荒蕪之際，率先長出的月桃說：「父母就像是這樣的先驅植物，能為後輩做的，僅是將土地深層的微量元素拉到表層來，恢復生機，引領接下來的次森林成長。」有了小孩帶給橘 sir 巨大的痛苦，他擔心：「他長大會不會跟我一樣？」一樣不知道人生的方向、一樣不愛自己。然而「川出來，讓我積極去創造一個想要給他的自己。」面對充滿可能性的新生命，他並不急於修剪塑形，橘 sir 說：「過去從沒有愛自己愛到要變好，現在卻因為愛小孩而改變自己。」父母就是小孩生長的環境，他要如月桃般強韌地打先鋒，才能引領生命的野性長出獨特性，要怎麼做？橘 sir 說就是觀察。

大自然的快樂與智慧，取用不盡

從一開始坐在爸爸肩上或抱在媽媽懷裡，現在的川川，是面對那段大人走起來會相當吃力的坡路，也能夠以一轉眼的速度，飛奔而上。大自然給他美味，也給他鍛鍊，更豐富他玩耍的想像力。在結不出果子、沒有得吃的酷暑，他捧起一把落葉向天空拋，淋得全身落葉雨，大笑著：「還要！」叫爸爸下給他淋。當天空真的下起了毛毛雨，他指著比他還要高的姑婆芋，要爸爸截來遮雨，走一走，又和媽媽細數，飛來了一隻沒見過的蝴蝶，那些見過的花紋，他彷彿都記在眼裡。

芝羚很開心他是在這樣的環境長大，特別是經過了全城都拉起警戒的疫情期間，他們還有一座自己的

林，讓感受依然自由。她是在都市長大的小孩，「我對土地的連結沒有那麼深，對自然也沒有太多感受，不知道如何互動。」芝羚搬到山區後，學會了這裡現地採集的生命教育：「你在大自然中長大，就會想愛護大自然，你在城市長大的話，去超市買的都是處理好的食物，對生命就會比較沒有感覺。」重新打開感官，芝羚現在跟著川川一起觸摸大自然的味道。

相較於芝羚，繼承爺爺果園的橘 sir，從小親近自然，也懂玩自然。他在全家搬離公寓的那個晚上，將一歲的川川放在大片的蒲葵葉子上，拖行在騎樓之間跑來跑去，枯掉在路邊的蒲葵是川川的車，爸爸是車的馬達，「自然的刺激可以很大，很開心！」橘 sir 對自己任意組裝和找樂子的功力很是滿意，

「我的邏輯是，與其買玩具，我會想自己創造看看。」他在公園都被封鎖的期間，用木頭造了一座遊樂園，川川可以爬樓梯上去，溜滑梯下來，在樓梯與滑梯之間，還可以大力的盪鞦韆。

父子倆曾在等待媽媽工作的空檔，跟一座池塘玩了兩個小時，「池塘能玩什麼？」都市人不明白，他們拿樹枝撈水草，對於越撈越長的水草，川川滿足的大笑。深感「大自然裡什麼都有」，橘 sir 將大自然給他的，也透過大自然分享給川川。他發現養育小孩需要的空間，是一種「釋放成長需求的空間」，長大的過程需要發出摸索的聲音，需要揮灑不知如何使用的體力，而大自然的無窮無盡，擁有許多刺激，可以給予這些需求回應。「重要的是，免費！」實事求是的橘 sir 笑說。

思考那些「下意識」的育兒通則

回到家，川川跟著媽媽進廚房，也要上中島料理台幫忙。「給他單一指令，他會做得很好。」比如去摘薄荷葉，就是「剪」、扶好料理盆，就是「捧」，川川跟著大人工作，看著看著也覺得自己會做，總是很積極要幫忙，他還會把優格倒得很乾淨，倒到空盒，但滿手都是。芝羚不介意還要再抱川川去洗手，她說：「家長怕小孩弄髒是一種控制。為什麼你覺得優格塗滿是髒的？」

孩子的出生，令芝羚反思一些下意識的育兒通則，

她回想川川四個月開始要吃副食品時，她「下意識」就買了食物調理機，要來打泥。「我後來想到這件事時，都會覺得很好笑。好笑的點不是說打泥不好，而是我完全沒有在思考，如同我懷孕時，去婦幼展買了一堆奶瓶，結果我之後是親餵，完全用不到。」如今，那台食物調理機從沒打成給川川的食物泥，而是拿來做一家都吃的紫蘇松子青醬，要來拌義大利麵。

不特別煮寶寶粥、也不打泥，芝羚待川川滿六個月，有吞嚥反應、也坐得直的時候，選擇「BLW」（Baby-led weaning，寶寶主導式離乳法），這

一派的餵食法主張讓寶寶自己去嘗試，用手選擇想吃的食物，大人不需一口一口將湯匙餵進寶寶口中，斤斤計較一天攝取的份量足不足夠。「那一陣子我們一起吃得很清淡，也吃得更健康了。」

川川的副食品，就是全家的料理。芝羚沒有因為要與小孩共食而虧待自己對料理的熱情和胃口，烤盤的盤面依然澎湃，過程卻簡單，選擇好的食材，切一切、或蒸或烤、再拌一拌，經常是大量的蔬菜、香料醃漬過的肉類和主食，從來沒有特別只做給川的兒童食物，芝羚煮的是一家和住客都覺得好吃的料理。

只吃了雞皮，沒問題？

川川吃得很好，所謂的好，並不是把盤子裡的菜都吃光光，而是可以選擇餐盤裡要吃什麼，要吃多少，擁有自主權的川川，吃飯時散發出一種悠悠的自由感。芝羚看他每個階段都有特別喜愛的食物，並且一直在變化，「有一陣子特別愛蘆筍，這樣纖維多的蔬菜，川川總能慢慢咀嚼吃光光。」最近則是特別喜歡雞皮，晚餐時將烤雞上的雞皮剝下吃光，就決定要離席。

而芝羚和橘 sir 從來不會因此生氣地要他坐回來吃乾淨，而是在詢問確認他吃飽之後，就協助他下椅，脫掉吃滿食物的上衣，用那件衣服擦擦嘴巴的油膩，再抱去飯桌旁的洗手檯沖洗乾淨，然後，放生，隨他要去哪裡，爸媽繼續沒吃完的晚餐。「這樣會肚子餓嗎？」面對他人的疑問，橘 sir 回應：「我

也會在意他整天都只吃蘋果、喝牛奶可以嗎？只是這樣心理壓力也會有點大，但川川他自己並沒有壓力，那這就是我們自己的問題啊。不能把壓力倒在他身上，就會覺得自己壓力很大。」

只吃喜歡的食物就飽了，川川的生長曲線有段時間都是吊車尾的。芝羚當然會擔心，但看他活蹦亂跳地，對喜歡的食物有旺盛的食慾，令她轉念思考，與其急於追上數值，不如珍視屬於川川的「成長表徵」，像是，小腿肌比同齡小孩還要發達、會為同桌的客人分餐盤、樂於教導別人他會的事……等。體悟到每個人都有其獨特性，成長過程當然也有不一樣的表現，芝羚更觀察到：「我心情好，川也會很開心。」她想與其擔心，更是要為他每個細膩的變化喜悅，而她的喜悅就是對川川的鼓勵。

對於偏愛，川川有相當大的執著，如同他看車車的

影片，同一部可以觀看好幾十遍，都不會厭倦，蘋果吃到去廚房要續盤，想喝牛奶的慾望令他自己翻櫥櫃拿杯子，開冰箱拿牛奶要倒。即便橘 sir 對於川川一周就要喝掉三瓶家庭號牛奶相當無奈，也表示關於營養均衡的比例以及三餐的概念，其實都已經被相關研究推翻，將大人的準則加諸在小孩身上，只是互相傷害。在觀察了川川諸多成長的變化後，他才明白規律與穩定都不屬於小孩，「他們是以一覺睡醒就更新的速率在長大。」而父母的使命就是陪伴與跟上。

無論面對果園還是小孩，與其一股腦地灌溉，這對從台北搬遷而來、宛如在荒蕪中開拓的父母，正試著以一種「清淨無為」的態度，為孩子創造自在生長的環境，他們選擇退後一點，觀察屬於孩子生命的慾望，再協助他所要抵達的方向，要是有所期望，那也是川川自己長出來的獨特模樣。

"川長大了一定會記得這些味道，身
體很自然地與節氣、土地連結。還
有我們一起享受食物的開心時光。"

——芝羚

FAMILY
2

Play
With
Your Food

吃食是全家玩味的遊戲

將農耕作爲日常實驗

香港沙田 cowrice｜豆豆家

文字 周項萱／攝影 Lambiseverywhere

LOCATION	香港沙田
PARENTS	Philip & Grace (Cowrice)
KID	凝映(14y) 豆豆(5y)

進門時，豆豆正坐在沙發的一角畫畫，面無表情地瞥我一眼，接著繼續朝擱在腿上的畫紙塗塗抹抹。

她不是對於陌生人來家裡沒有反應，她是在觀察你。隨著我在屋子裡走動，能感覺到豆豆的眼神自沙發上射出，冷冷地掃描，彷彿正緩緩判斷該如何跟這個人互動。

豆豆，有性格的小女孩，今年五歲，與爸爸劉卓禮（Philip）、媽媽郭小燕（Grace）以及姊姊凝映一起住在香港的獅子山

下。他們同時也是以家庭為單位的創作團體 Cowrice。

Cowrice 一家不是我們印象中的香港家庭，他們崇尚順應自然的生活風格，傾向讓孩子適性發展，不填塞，不揠苗；他們在什麼都能便利進口的城市裡設法自己種菜，農耕成為全家都熱情參與的日常實驗，也是創作養分。這樣的作風，源自於 Philip 和 Grace 都曾是憤世嫉俗的年輕人，生兒育女甚至不在規劃中，然而大女兒、小女兒一前一後來到，突然成為父母，兩人仍決定以非主流的方式教養小孩。

同理心是個好東西，希望每個人都有

姊姊凝映年紀漸長，也慢慢長成一面鏡子，映照出父母對她的影響。Philip 在女兒身上看到自己，好的、壞的都有，「就會想說要不要站後面一點，看看為什麼她會有跟我一樣的個性。」

Grace 則從朋友的旁觀中獲得嶄新觀點，「一個朋友跟我說，她看見我和凝映，想起她和媽媽的關係，她看著我，像看到自己的媽媽，可能她對媽媽有一點怨恨，但因為她是我的好朋友，所以她可以抽離一點看，去了解當時的媽媽。」有一段時

間，Grace 曾經很煩惱怎麼照顧凝映，這位朋友便從女兒的角度提供見解，「這對我來說是很新的，因為那就像我的大女兒長大一點後跟我說話的感覺。」

無論是主動發現那面鏡子，或是由身邊的友朋遞到他們眼前，都讓 Philip 和 Grace 理解到同理心是為人父母必需的特質，這是姊姊凝映幫助他們學到的重要功課，也讓他們在相隔九年豆豆出生後，有更大的寬容看待個性截然不同的小女兒。

然而同理心並不意味慣寵小孩、事事順從他們，適

當施展同理心的關鍵在於，首先肯定孩子的感覺和情緒，讓他們感覺獲得一個安全的環境，在那之中被理解，進而平靜下來，接著再和孩子談論並了解事情的經過。凝映在一旁補充道：「例如豆豆在哭，他們就會說，我知道你現在很生氣。」

Grace 坦言，要時刻同理小孩不容易做到，同理心好比「金錢」，父母之間也要同理彼此的辛勞和感受，兩人才有足夠的「存款」，把同理心運用在小孩身上，「而且你必須準確同理他，如果不夠細心，可能弄巧成拙；如果他哭，就給他甜食，他會以為吵鬧就能得到自己想要的。」

慢為上策：投射者養育指南

而豆豆正好是特別需要被同理的小孩。Grace 因緣際會接觸到人類圖 (Human Design)，這個系統大致把人類群體分成四大類型，爸媽與姊姊三人都屬於佔比最多的「生產者」(Generator)，只有豆豆是在過往時代不被看重的「投射者」(Projector)。在講求產能和效率的社會裡，投射者的潛能往往被低估，甚至被認為懶散不事生產；

但事實上他們常在旁觀的過程中，看透世界運作的道理，並且善於運籌帷幄，因此被看作是新時代的管理者。問起豆豆有什麼特質？凝映無可奈何地搖頭說：「她很慢，她真──的──很──慢。」豆豆的慢，我是有感的，從抵達 Cowrice 家，到豆豆終於卸下戒心，願意對我釋出善意，足足過了兩個鐘頭。「但是你要理解她的慢，以及她有時候不知道該休息。」Philip 解釋。原來與三個生產者一起生活，身為投射者的豆豆會誤以為自己也精力充沛，

被迫加快節奏，便可能過勞。

Grace 同時也發現，豆豆雖然慢，但是情緒穩定，以及看起來溫吞內向的她，實則非常有主見。也因為步調與其他家庭成員不一致，Grace 留意到，提早通知豆豆，家人預定了哪些計畫，讓她有時間消化，是較為理想的作法。此外，投射者的人生策略是「等待被邀請」，與其直接出言命令，Grace 嘗試對豆豆提出邀請參與一些事情，讓她感覺被適切的位置需要，通常都更為順利。

起一塊園地，家的範圍和想像都變大

住在香港的新界地區，人和動植物生存的空間都有了餘裕，Cowrice 一家因此不時收到朋友母親耕種的作物，長久下來，令他們興起「或許也能種出一點什麼」的念頭。另外一個遠因，是他們在凝映七、八歲的時候，全家前往英國待上幾個星期，體驗到前所未有的農牧時光。

Cowrice 夫妻是皮藝師，那趟英國行其實是為學做皮鞋，便帶著凝映住在老師家裡。這棟位於鄉郊的屋子，前院種滿各種香草植物，隨時供應家裡的廚房，後院則是母雞的天地，每天都能獲得新鮮的雞蛋，來自香港的三人第一次體會到雞蛋剛離開母體的溫暖，「我們從來買雞蛋都是在超市，冰冰冷冷的，所以那對我們來說是一種很令人嚮往的生活。」Philip 回憶那段時日，語氣仍充滿懷念。

於是 2020 年夏天，全家人被疫情困在家裡，想到公寓後面有一小塊空地，裝幾盆土、立幾根支架，便是簡易的農園，種種茄子、黃瓜或蕃薯等容易照料的蔬菜，也算是朝理想的生活更進一步。這回有豆豆的加入，五歲兒童的世界觀，更是為這場生活實驗增添新奇的視角。

豆豆像個自由自在的小農夫，常落下一句「我現在想去看田」，便跑到臥室裡，俐落地爬上正對著空地的窗戶，大聲呼喊「哈囉——」，彷彿那些靜靜生長的作物都是她的朋友；有時，她甚至自己開了公寓大門，下樓溜去空地，直接探訪它們，「她後來就想說，原來連後面那塊地都是我們家的範圍。」Grace 解釋豆豆純真的心理。在豆豆眼中，家不再只是這個鋼筋水泥建構出來的空間，踏出門後，那塊自然開闊的園地，栽種著她和家人親手培育的蔬果，伴著水流潺潺的溝渠，也成為她對家的理解。

對於 Grace 和 Philip 而言，這場農耕活動除了復刻他們在英國的體驗，更意外拉近他們與鄰里的距離。Cowrice 一家住在這裡十多年，以往與鄰居的互動僅止於打招呼，然而自從他們開始掘土播種，種下的似乎不只是有形可食的蔬菜，也是無形可信的情誼——那些早就在這處郊區種菜的鄰居朋友們，都是這一家農耕菜鳥的導師，時而指點方法，時而分送種子，或甚至慷慨讓他們收成過剩的作物。

「鄰居種很多胡蘿蔔，會說你們自己拿，所以豆豆就很高興，沒事去拔幾條，朋友來玩的時候，又拔幾條。」收成是自耕過程中最具滿足感的環節，一向是豆豆負責的工作。

放下先入為主，蔬果也能是玩物

開始種菜，初衷純粹為了讓全家人在疫情期間有個重心，減少不能外遊的鬱悶，父母兩人都沒有投入額外的期望。豆豆向來對進食沒什麼興趣，吃一頓飯要坐在飯桌上三個鐘，即便參與了蔬果從播種、生長到採收的過程，也沒有因此產生享用它們的熱情，往往試吃一口後便不願再吃。

Grace 和 Philip 已經把自己的心理素質訓練得很好，面對豆豆挑食的習慣，兩人豁達地說：「因為姊姊的經驗，我們沒有放太多期待在豆豆身上，我們都很照顧自己的感受，看到她們不吃，我們兩個就快樂地自己吃。」另一方面，這對父母認為吃飯時的心情愉悅，比吃了什麼還重要。「營養對我們來說，是偏向西方的觀念，能不能適用在每個人身上，是要討論的。」Philip 點出一個當代的觀念。確實，傳統的育兒經宣導營養攝取必須均衡，真的合乎科學

和情理嗎？多少家庭在餐桌上演強迫進食的戲碼，破壞情緒後，食物的能量也不會如實地進入體內。

豆豆儘管不愛吃，卻很熱衷烹調。平常 Grace 做菜，會拉一張板凳，讓豆豆也站上流理台簡單地分切食材，切得歪七扭八也無妨；或是全家人一起做蛋糕餅乾，豆豆便沉迷在攪拌麵糊的程序裡。下廚，是豆豆的遊戲，似乎也是她的熱情所在。那天全家人忙著處理從農夫阿姨田裡採收而來的蔬菜，打算做成天婦羅，豆豆幫不上忙，卻不停從她的迷你廚具組中挖出各種玩具餅乾、披薩、擺盤完畢，推到我眼前，我作勢吃得開懷，她便樂得大笑。

至於那些被採收的蔬果，在豆豆眼中也不是食物，更像是天然的玩具與創作素材。她特別喜歡長條狀的蔬菜，會不斷用手觸摸，感受它們的形狀和紋理；她在農夫阿姨的田裡採收了漂亮的角瓜（香港常見的稜角絲瓜），便一路珍惜地捧回家裡，甚至許願

在家後面也起一座瓜棚。

有時，她興致一來，便為剛收得的胡蘿蔔剪頭髮，幫茄子貼上眼睛，這些擬人化的動作，都啟發自她和媽媽一起看的蔬果繪本；而這些植物生長的樣態，更激發她的靈感，以色紙拼貼長豆還掛在植株上的情景，以色筆記錄小黃瓜成長的週記，或是水彩奔放揮灑，創造出一幅幅以蔬果為本的抽象畫。

豆豆自有一套她與世界建立關聯的方式，被吃下肚的蔬果，在消失前有了不一樣的經歷，是一個五歲小女孩的玩伴，甚至存活在她的畫作裡。豆豆不需要被強迫吃下，她可以用自己的方式去喜歡它們——誰知道呢？如此正向而沒有壓力的關係，日後或許會使她產生想要吃吃看的念頭。

Grace 與 Philip 養育女兒的風格如種菜，付出澆水、施肥和關愛等必要條件，剩下的，就是讓她們自然生長。

豆豆興致一來，便為剛收得的蔬果畫上嘴巴、貼上眼睛。
更以植物生長為靈感，畫出一幅幅抽象水彩畫。

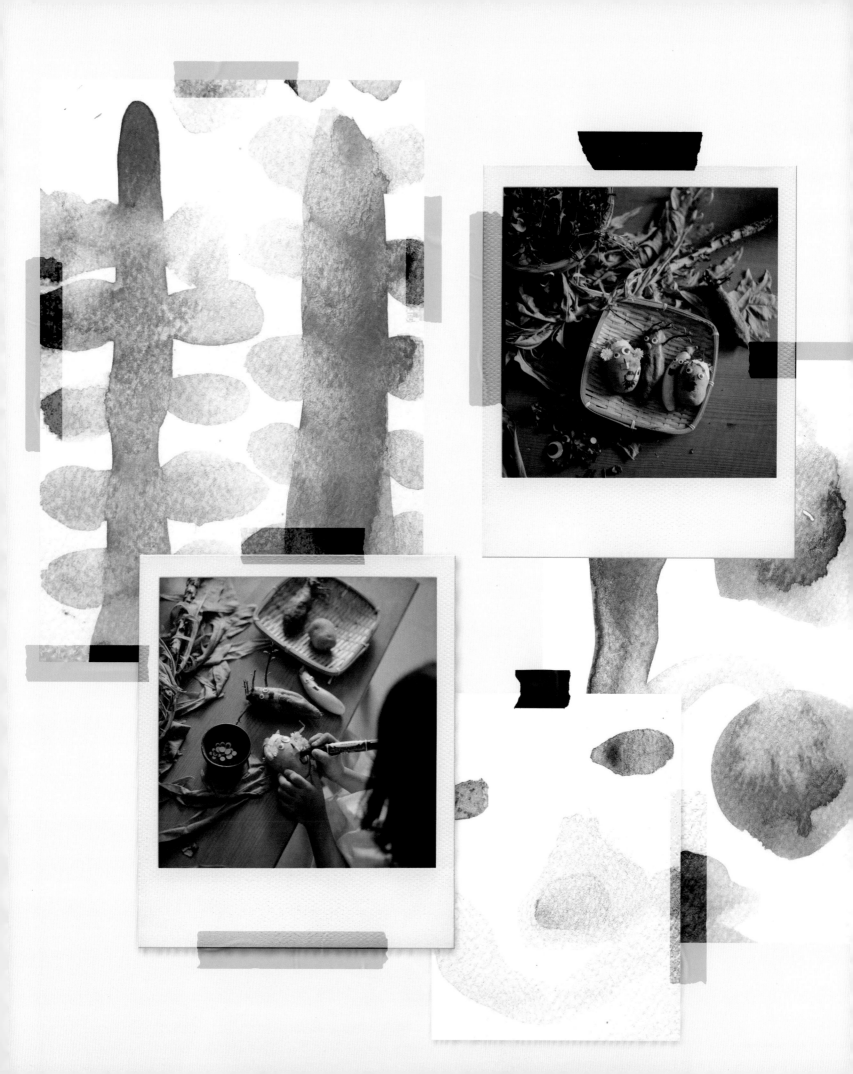

FAMILY
3

In Love With Fish

把魚當飯吃

家傳三代的海味日常
台北 新合發｜布拉魚家

文字 劉秝緁／攝影 叮咚

LOCATION	台北 瑞芳⇄內湖
PARENTS	猩弟(新合發) / 亨利(長期外派中)
KID	布拉魚(8y) / 沙丁魚(1y6m)

「魚是我的第一名喔，第二名是……牛肉，但牛肉有一點不喜歡，然後就沒了。」七個月開始跟著猩弟跑魚工廠，現年七歲的布拉魚還記得那裡臭臭的味道，「魚有魚腥味，但是我一點也不討厭！」沒有因而排斥吃魚，倒是不太吃其他肉，猩弟要是控肉，都只控給自己一人份就夠，布拉魚瞇起招牌笑顏，大聲復述愛的宣言：「我就是最喜歡吃魚了！」

布拉魚跟著媽媽吃魚，吃到喜歡第一名，尤愛船長阿公捕的鯖魚；作為漁家女兒，猩弟早已習慣把魚當飯吃，長大後進一步把對海鮮的愛好與知識，成立品牌來分享。要探訪這一家漁村三代的味覺故事，除了到猩弟家，也跟著她回每週都回的漁港老家——瑞芳瞧瞧。

家常海味，從阿公說起

「川爸初十三會回來，會在家待上十天。」猩弟算日子，和我們約定拍攝船長爸爸的時間，看看影響猩弟甚多的川爸，「他給我最大的影響是，他準備的食物一定是好吃的。」川爸每回下船前，都會精挑一些難得的漁獲回家料理。「你沒吃過好吃的，你怎麼做得出好吃的料理？」川爸這句話一直記在猩弟心裡。

和猩弟以及布拉魚、沙丁魚姊弟一起回到位在瑞芳的老家，定位在漁港就能抵達。隊友亨利長期外派在國外，一打二的猩弟對娘家很是依賴，幾乎每個週末都會回來，鍋鏟刀具不用照三餐握，小孩送到阿嬤的懷抱，雙手一攤，就是要攤在沙發上懶，這

是她很難得的休息時光。要是川爸出海回來的話，還有新的漁獲可以期待！

這回川爸帶著一條碩大的馬頭魚回來，說是難得的肥美。俐落地處理魚身，一面分享他的捕魚經：「每種魚都有牠喜愛的棲身之地，要釣馬頭魚，就得先找到泥地。」川爸也有個漁夫爸爸，從跟著爸爸上船，到有自己的漁船和工廠，至今在海上跑了五十幾冬，用魚養大三個小孩，現在繼續餵養五個孫子。

川爸討海時吃魚，下船回家也是滿滿的海鮮宴席，在屬於大家庭的旋轉圓桌上，菜色安排有：煎馬頭魚、酥炸透抽、炒甜蝦、石狗公魚湯和筍子。三菜一湯都是海味，他說正宗的漁村料理，就是「把魚當

飯吃」。媽媽在一旁解釋：「因為冰箱滿滿的都是川爸釣回來的魚啊！」

川爸的漁獲最遠銷售到埃及，他笑說：「那裡的人很奇怪，喜歡小魚，一家四口就買四條魚，一人吃一條，東西都分開來吃，不像我們臺灣人會一條大魚一起吃。」語畢又感嘆著台灣是海島，家庭餐桌上卻漸漸不會出現魚，「我們這代沒吃，下一代就不會吃了。」屬於這一家的餐桌時令，是過年吃明蝦，夏天魚脬魚卵和透抽小捲，秋天一冷就有甜蝦，鯖魚則會在進入隆冬時變得肥美。這是一家人一起養成的味覺時令，關於換季，漁獲總會先上桌來通風報信。

家門打開就是漁港，猩弟與海的連結很深，生活不是在海邊就是在海裡。

成為媽媽，重新詮釋海味的意義

從小聽著爸爸的捕魚經長大，猩弟回家工作，以自己的詮釋，開創出品牌的新支線。幾乎每天寫食譜，寫了十年，還去日本考魚檢定，猩弟的愛吃很有野心，她積極分享，希望大家不只是懂得料理海鮮，也能吃得頭頭是道。出版兩本海鮮食譜書，裡頭都是好上手的家常菜，猩弟鑽研魚的各種味覺可能，把肉質較乾柴的鬼頭魚做成水餃，用韓式的手法辣

燉習以為常的煎鯖魚，更讓宣稱討厭吃魚的小孩，吃下她做的「麥克魚塊」。因為熟知魚，也體會媽媽的需求，川爸捕的魚，在猩弟身上展露出新的味道。

「為什麼小朋友不吃魚，那是家長給他的觀念，『魚有刺，很可怕』，或是不知道怎麼煮，少煮就少吃，慢慢地小朋友沒有接觸到這個東西。」布拉魚常常跟猩弟一起試菜，也很明確知道自己的喜好，乾煎鯖魚一上桌，她就說：「鯖魚有巧克力肉，所以我最喜歡鯖

魚！鯖魚的巧克力肉都在背上，我要把他吃掉！」

猩弟總是整條魚上桌，讓孩子自己選擇要吃的部位，「就算弟弟想吃尾巴也可以，他會知道那是硬硬的喔。」他也會提醒孩子：「魚就是有刺，你要是吃到刺刺尖尖的東西，你要吐出來。那個東西就是魚刺。」與其預先為孩子挑魚刺，她更希望孩子自己習得正確吃魚的方式。猩弟認為：「這樣他們以後才能吃整條的魚啊！」而布拉魚的確吃得超好。

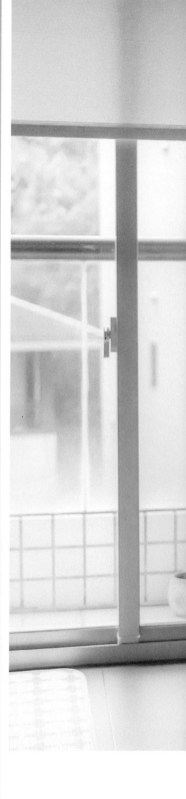

在沒有海的環境長大，更要勇敢突破不敢的事情

漁家女兒不只有吃不盡的海味，還有「走在路上就會被踢下海」的日常，猩弟中氣十足的演練接下來的反應：「這時候你不能哭也不能叫，你要趕快起來找到那個人，再把他踢下去！」家門打開就是漁港，猩弟與海的連結很深，生活不是在海邊就是在海裡。暑假最棒的回憶是與弟弟釣軟絲，那個過程是：把釣竿放在港邊，然後回家睡個午覺，起來再去收漁獲。年幼的她即有強烈的好勝心，跟長輩綁線、設掛鉤，就是希望釣得比弟弟多，而現在姐弟倆也常相約帶孩子去重溫他們的兒時舊夢。

「爸爸出海，媽媽沒在管，都不管我們一直去海邊，很荒唐。」荒唐的她，是玩到一隻腳踩著鐵釘回家，直呼都沒有流血，不會痛，還去海邊「行幾勒」消毒。感嘆都市小孩很可憐，環境沒有那麼多探索的自由，猩弟從布拉魚兩歲就開車帶著他去拉拉山找金龜子、苗栗農家騎水牛，那些小時候沒有過的山野經歷，和布拉魚一起學習，創造彼此的回憶。

去山野上步道課，是希望布拉魚不要怕昆蟲，而布拉魚怕水，猩弟就讓她去學游泳，學了三年臉才敢碰水，學了六年，在小學進了游泳隊，早起和下課都要練游。「因為布拉是個瘋狂忘我的小孩，無要無緊，再加上水瓶座，沒辦法控制，我希望有個紀律給她。」練游是一個比別人辛苦的紀律，猩弟有時也會心疼她辛苦想偷偷放棄，「但她那個不得不去的努力，也會反饋給我，在工作上遇到困難的時候，想到你逼小孩學她不想要或困難的事，但我們自己呢？」

一打二的時間料理術

「阿公去釣魚、阿嬤去賣魚，媽媽說她跟我一樣大的時候就在自己煮飯了。」外放的布拉魚難得露出靦腆的笑臉，害羞於和同年紀的媽媽相比，自己還不太會煮飯。猩弟忙不過來時，會這樣唸兩個小孩，因為「他們一回家，我就不能做事了。」布拉魚從餐桌到地墊，用優格搭配著 pocky 餅乾、蓮霧吃，正在挑戰搭配蒸蛋，遠端回覆媽媽說：「對啊，我們就是很煩喔！」

布拉魚和沙丁魚相差六歲，身處兩個不同的階段，煩起來真的很煩，但布拉魚自詡為「主廚」，會幫媽媽做菜，用餐時還會坐弟弟旁，餵他吃飯。作為二寶媽，猩弟育兒起來算是得心應手，當孩子哭斷理智線時就讓他哭，會認真說明「媽媽現在就是要做事，不能一直抱你喔。」關於飲食，也不會汲汲營營要打泥做副食品，而是讓嬰幼兒的沙丁魚一起吃。回想生第一胎時，猩弟樂於創造多元口味，就怕吃膩，「但後來發現布拉魚好像什麼都可以，反而重點是我們大人喜不喜歡那個口感。」

先生亨利長期外派，而猩弟大概是從小時候開始，就很習慣什麼都自己來。煮飯的時候要一手抱著兩歲未滿的沙丁魚，單手炒菜是日常，還要單手舉鍋送菜入盤，媽媽的肌肉就是這樣鍛鍊而來。猩弟回想寫第一本書時布拉魚才兩歲，「我只能在半夜寫，但布拉魚是，我只要一起床她就會醒，所以我就在書桌旁鋪了一個墊子，讓她睡在地上，她哭的時候我陪她趴在地上睡，然後睡著了我再起來寫。」

現在大的上小學，小的送保母，猩弟在白天滿足的想有自己的時間，中午總是要奢侈地為自己做頓飯後再工作，下午三點半又再回到廚房，給練游的布拉魚做便當，用魚補充蛋白質，寫小紙條讓她吃得更開心。時間用得緊湊，即便旁人看得辛苦，猩弟露出幸福的笑容回應：「我做這件工作很幸福，將我們最在意的營養傳遞給更多人知道，還顧到自己的小孩。兼顧家庭和品牌，我必須要把握！」大海滋養的漁家女兒，承襲爸爸海上的堅忍與韌性，注入在自己的家庭，並用料理溫柔轉譯，滋養兒女、和每戶買魚人家。

DAD'S TALK
Memories

味覺與記憶

文字 羅景壬・張雍・HANK口述，劉秝緁 著／插畫 不然你來當小寶

在有了小孩之後，味覺記憶會隨著料理，一代傳給一代，大快朵頤下去。
關於料理的記憶，有香氣有相聚，銘刻了小時候的我們，
也換我們看待的小時候的他們。

用滿屋子的麻油雞香氣，讓小孩跳著回家

羅景壬，廣告導演。 善於洞悉日常關係，拍出人與人之間，習以為常的浪漫，微言大義的提醒眾人在身邊的故事。回到家，說故事的本領，在孩子還小時，畫圖成紙條或是在睡前念給孩子聽；現在他會把工作現場拍成一部家書，用故事串連成生活的語言。

和兒子討論臭豆腐究竟是什麼氣味。氣味難以名狀，況且如果我們喜歡吃這道菜，我們就更難輕易描述，深怕減損其美味。

「像是 LJ 在我面前甩頭髮，」七歲男孩提起他暗戀的對象，「我聞到的汗臭味。」
在表達我們都愛吃臭豆腐時，他高明地吃了豆腐。食物的氣味終究要和事件連結起來，成為事件的註腳，因為無論我們再愛吃，我們總要相信自己更熱愛生活。

在安親班門口接小孩，他們永遠有還沒收好的書包、還沒看完的故事書、玩到一半的桌遊，三催四請。但凡宣布今天吃麻油雞，他們就會瞬間整備完畢，雀躍回家。

家是這樣的：只要在傍晚時分，房子裡灌滿食物的香氣，就會令人感到富足，尤其麻油雞。如果今晚煮麻油雞的是鄰居，你就會覺得他們家好富足。

氣味的記憶跨時空連結。四十年前，當我也是個孩子，我莊嚴凝視母親分發麻油雞麵線，崇拜父親擁有獨立一碗米酒加量無塩麻油雞湯。「欲師一喙無？」父親總會問，我也總會喝，然後感到實在無法喜歡，但那正是絕對的崇拜。

大人掌握魔法，而我們現在就是大人。如果夏天太熱，就把冷氣開涼一點，用滿屋子的麻油雞香氣，讓小孩跳著回家。

有時我會希望自己也有一碗獨立的米酒加量無塩麻油雞湯，縱使我從來沒有真正愛上，我還是覺得那很厲害；這種優越感非常低調，因為只有我自己懂。

就像暗戀對象甩頭髮那樣，青春、鄉愁、家，總是難以名狀地銘印。

透過那條固執的味覺臍帶，與回憶緊密相連

張雍，旅歐攝影師。 2003 年旅居捷克，2010 年起以太太家鄉斯洛維尼亞為創作據點迄今。除了在國內已發表過的六本文字攝影集之外，也是兩個女兒的父親。喜好拍攝相機兩邊 ── 他人的故事與自己日常生活的心情和風景，打從心底相信 ──「生活，才是最重要的作品」。

那是個夜深人靜，偶爾不經意透過夢境相聚的畫面：童年老家廚房裡，媽媽忙著晚餐料理，洋蔥、馬

鈴薯、胡蘿蔔依序切丁,耐心地將沾板上那顯得神奇、聽了只教人安心的旋律如此輕柔地敲擊,青豆與雞丁早已下鍋,咖哩香氣正將夕陽裡的公寓一股腦兒給簇擁進懷裡。我和弟弟等不及將學校制服換去,早已等在餐桌前一邊盼著那盤香濃的咖哩,一邊豎起耳朵搜尋父親在家門口停好車的聲音…

跳接下一個畫面,我將陶鍋鍋蓋掀開,隱約呈現金黃褐色的濃稠咖哩汁液,透過慢火燉煮正吞吐著啪滋啪滋的陣陣旋律,大女兒 Sonja 細心攪拌,小女兒 Pina 更是瞪大了雙眼湊在一旁煎熬著她即將失去的耐性…這回還特地加入了女孩們最喜歡的櫻桃蘿蔔 (raddish) 與歐洲超市常見的硬豆腐塊,一盤盤淋上熱騰騰咖哩醬的白米飯被端上桌前,再灑上週末在岳母菜園鮮摘的西洋芹、幾顆黃色的袖珍番茄,這是我們全家最鍾情的台灣口味——一盤有媽媽／奶奶味道的咖哩飯。只見姐妹倆下巴緊貼桌面、貪婪地大口吸氣,彷彿兩人正在細細品味的香氣,其中一部份是自己童年餐桌上那珍貴的記憶。

我也喜歡在廚房砧板上試著敲響讓自己孩子們感到安心的旋律。

透過這番顯得神秘的儀式、共享餐食的體驗,不僅只為了滿足挑剔的味蕾,似乎更是為了記住我們是誰。人在歐洲十八年,我發現「味覺」與「記憶」之間,似乎總是透過那條眼睛看不見的「臍帶」一脈相連。無論走得再遠,即便異鄉生活豐富了視野和歷練,然而,對於飲食口味的喜好卻始終固執地不願輕言改變。

早餐是我們家的民主展現

HANK,餐飲圖書館「行冊」主理人,兩個女兒的父親,去超市的時候會把太太一起看成小孩,檢查她們選的食物,有沒有超過五個添加物。受不了早餐熱愛的培根實在加了太冗長的人工合成物,近期開始推出自家製的煙燻培根,直接切片冷肉吃就有鮮甜,獻給女兒,獻給味蕾敏感的每戶人家。

我們家每週都會在奶奶家聚會,有特別節慶像是生日的時候,就會到行冊聚餐,女兒們習慣點上牛小排或羊排,一人一盤,通通吃完。我們覺得愛就是埋在生活的三餐當中,尤其週末是一家人可以睡到自然醒,好好吃飯的時間,每個人起床的時間不一定,但我一定會醒,因為從早上到下午,都是我掌

廚的早餐時間。小女兒諾諾喜歡蔥油餅和水煮蛋,大女兒海蒂和太太偏好西式,熟成培根加法棍或吐司,一個人點炒蛋,另一個人點歐姆蛋。一個早上三份餐點,三種蛋,是她們欺負爸爸的時間,也是我們家民主的表現。

小的時候,每當爸媽說來吃飯囉,不過去就會被扁。現在個人主義抬頭,個人需求被受到照顧,小孩說不餓,我們就不會強迫她吃。我已經很習慣那個煮飯時說不餓,但每隔一兩個小時,就會來說「爸爸,我肚子餓了。現在有什麼東西可以吃?」的女兒。冰箱裡總會囤上一些可以快速上菜的食材,他們一次只吃一點點,有時小孩只是需要一點熱量。

MOM'S TALK

Farm To Table

—— 讓孩子自己來 —— **FAMILY TO CHILD** —— 食育

在學業至上的童年裡，對食物的連結，總是有距離的。小時候覺得只要認真把書讀好，其他沒那麼重要，同儕們和我一樣，水果怎麼切，飯怎麼煮，都是到長大之後才開始自行摸索；想來好笑，小學以前我一直以為奇異果就是長得綠綠的小方塊，從沒看過它完整的樣子。

七年前剛從西雅圖回台，那趟旅程像是序曲，我學習到自然飲食療法（macrobiotic），也對發源自美國西岸的飲食革命宣言「從產地到餐桌」(farm to table)，有更深入的認識，或者更準確來說，有了一種嚮往。一切都是最好的安排，懷孕之後，順理成章地我們開始積極的實踐，那些原本看來不切實際，甚至遙不可及的夢想。

「今天要來採收小黃瓜囉！小心別踩到椿象啦。」

「這裡是我們種田休息的小房子，要不要摘點香草泡個茶啊。」

擁有自己的菜園，是理想生活的第二樂章。兩年多前搬到山上，找到這塊田，對於我們一家三口的意義，各有不同；是先生 Sean 終於能發揮所長，延展綠手指的一塊樂土；是身為廚師的我，實現國外食譜書裡鍾愛的情節，採收自家栽種的蔬果香草，新鮮入菜；是女兒溫溫有接觸大自然的親密時光，充沛的活力有地方可以盡情揮灑。更重要的是，參與食物從無到有，種子變成苗再緩緩長大，成為豐碩的果實，這個過程彌足珍貴，於我們而言，每個階段都有收穫。

即將六歲的溫溫，對食物和小動物們有著深入的好奇，總是像個成熟小大人，熱情地為訪客介紹田間

的作物，還有正在進行中的各種農事與木工。還在強褓中的她，就已經常跟著大人，去農產市集採買，或到小農的田裡參觀，被戲稱是吃著農夫市集的菜長大的孩子。的確，這是身為家長的我們，一開始就設定好的堅持，雖然並非虎爸虎媽，但唯獨對飲食的認知，是不想模糊帶過的一環。

這幾天田裡大豐收，秋葵、長豆、茄子，還有好多南瓜和皇宮菜，豔麗的色澤在陽光照映的餐桌上，閃耀著光芒。這是大地的禮物，也是我們的午餐。

「煮飯就交給我吧，最喜歡切菜了。」

「我生日會很忙碌喔，要準備好多食物，邀請大家來吃。」

從三歲開始進廚房，洗洗切切，幫餐點放上最後裝飾，在耳濡目染之下，越做越起勁，進步到可以獨立完成許多，我小時候都不曾接觸過的烹飪細節；讓小孩下廚，是一堂拿捏放任與管束的料理課，與廚房外的世界相同，學習能力旺盛的他們，往往很快融會貫通，剩下的，端看爸媽本身願不願意給予空間，放手嘗試了。

童稚的臉展露喜悅，俏皮地說長大要當廚師開餐廳，採集食材來做菜，桌子排得整整齊齊，一定擺盆最新鮮的小花，讓客人滿意。一點一滴吸收養分的她，就像那些被殷勤照料、奮力生長的作物，準備有一天，綻放能量，譜出自己的下一樂章。

Wendy Chen

紐約到台灣，廚師到母職，喜歡挑戰，
四海為家的極簡主義者。支持多元價值觀，和家中的六歲
小娃一樣反骨，同時也對世界充滿關愛。

MOM'S TALK
Natural Born Hunter

與食欲 ——————— **CHILD TO FAMILY** ——————— 天生採集者

我兒半獸人,是亞斯伯格特質孩子,我一直覺得他生錯時代,因為他是天生的獵人跟採集者,但在現在社會裡,這樣的人並不見容,也不好生存。

現今的孩子不要說採集,耕種畜牧都不見得有概念,但半獸人從小就開始採集,並喜愛採集,這個特點到底怎麼來的?身為母親的我到現在還是搞不清楚。半獸人之所以叫半獸人,在於幼兒過程半獸轉化成人的這部分,我兒一直沒有蛻去,依然維持半獸習性;他小的時候,很自然就懂得摘紫色酢醬草、龍葵子,放嘴裡咬嚼著,三四年級後,他從植物採集進化到生物捕捉,自己帶著網子跟水桶,去撈蜆仔、吳郭魚、泰國鱧,我燒煮過幾次他的成果,除了土味太重以外,食用起來味道並不差,尤其是泰國鱧,雖是外來種,魚刺稍嫌多,但魚肉細緻鮮美,不輸一般養殖魚類。

料理方式很簡單,半獸人會把魚收拾乾淨,切塊後交給我,我先用蔥薑料酒醬油稍醃一下,裏乾粉,半炸半煎後即可上桌,然後大家邊吃邊讚嘆,半獸

人則得意的宣布,這是對付外來種最好的方式。

國小五六年級後,半獸人在捕捉這件事上,成熟到徒手就可從溝渠撈起一隻吳郭魚,這時候的半獸人,也不再滿足於田間林間的採集捕捉,他自小就心儀大海,所以他的採集場域,也開始轉移到大海。

半獸人的父親忙於友善稻作,媽媽我則販賣跟寫文,但我天性疏懶,又不喜歡戶外活動,其實半獸人能去海邊的次數有限,但每次去,都展現讓我

們驚異的採集能力。

他在沖繩的海邊抓過螃蟹、海參、芛螺、小石蚵;在馬祖採過淡菜、佛手、紫海膽、黎明蟹,而這些也大多被他吞下肚,但能吃不能吃的辨別能力,我也實在不知道他從何而來,他說平常看書得知,但這樣手到擒來,我只能說本能大於書裡的知識。

半獸人從小就採集,所以他非常珍惜食物,討厭浪費,每次採集完畢,他都會檢視他的成果,把小的、或覺得吃不完的量,再放回海裡,只有外來種,半獸人才不會放回,他會整理好,然後放到我們家的冷凍庫去,並時不時提醒我,冰箱裡有他捕捉回來的食材可以烹煮。

現在人很幸福,想吃什麼就能吃什麼,在食物上面可能就不那麼珍惜,但我卻生養出一個把食物看成天大地大的孩子,我常常在想,對食物的態度,取決於我們要留給後代一個什麼樣的世界,但從半獸人身上,有時候我會有慚愧的感受。

去年半獸人決定要離開本島到離島,對於海洋、生物的熱愛,驅使他再也不想留在人多繁華的場域,所以他進了澎湖馬公高中,並即將住在出門五分鐘就到海邊的地方。

這個孩子其實教了我很多,雖然亞斯人的白目他一項也不少,但是對於食物,他的認真對待,卻是會讓我跟很多大人汗顏。

顯惠
在宜蘭一個農村育兒、生活、寫文、跟賣書、
賣當地小農農產品的婦女,
曾開了一間有書有菜的小店叫小間書菜。

KID'S TALK
Guess What?

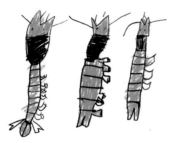

吃起來很特殊，跟其他同種類的吃起來不太一樣。
拿出來的時候我覺得，好大。很大，外殼（跟其他的
比）比較紅，頭有一點黑黑的。媽媽會用烤的。
要吃之前要剝。它跟其他的真的很不一樣，
看到的話一定要買來吃一下。

— 葡萄蝦 —

在阿公阿嬤家很常吃，放在冰箱裡一罐，
小小的一片一片。

— 醃薑 —

紫菜沾麻油，灑鹽、芝麻烤一烤。
一口接一口，停不下來。
隨時都看得到，想吃就能做。
我會說，最適合配飯了！

— 麻油海苔 —

> 吃起來水水嫩嫩的

— 貓男 —

魚控，喜愛海味，會喵喵叫地討飯吃，
熱愛向料理家媽媽點蝦仁炒飯做便當，
對於蝦與飯的比例，慎重地要求它們要平均。

> 脆脆的，有一聞到就令人
> 垂涎三尺的香味

— 蘇西 —

會複製大人的動作，自己調製麵包要沾的
香料橄欖油。已經吃得出食物的原味，
知道好吃的冰棒，是加了很多的香精和甜，
與阿轍同為幸福快樂大餐廳創辦人。

> 外酥內軟，裡面有一塊咖啡色的肉，
> 吃起來有點苦苦的味道，外面白白的肉
> 吃起來酸酸的，還有一點點甜味

— 布拉魚 —

八歲，游泳資歷就有七年，現任學校游泳隊，
不只擅長游泳，還跟著媽媽最愛吃海鮮，
對於吃飯的要求，就是一道海鮮和一盤菜就好，
最喜歡爺爺釣得鯖魚。

味覺形容詞

不然你來連連看

味覺教育是經由食物得到感覺後，發現更多認知的過程，目標在「好吃與不好吃」這般制式的回答背後，挖掘更多美味的可能性。認識食物的原味，運用五感自我實現，感受化成文字，就會成為記憶。這次邀來六個愛吃的孩子，分享一道他們最愛吃的菜，謎底是什麼，你們自己連連看。

咖啡色一塊一塊，酸酸的，鹹鹹的，
配白飯吃很好吃！

— 筍絲 —

芒果寶寶先切在鹽巴、糖醃，冰到冰箱。
光用想的就流口水，
我很愛吃它，可以配ㄆㄚˋ冰，
只有春天可以做，錯過就要等一年。

— 情人果 —

這道料理在媽媽沒事的時候常常煮它，在晚上、在我帶去學校的便當裡，甚至也有可能配在義大利麵裡。
最外面是脆脆的皮，加上檸檬汁非常美味！
這道菜很多地方都有，可是呢，我特別喜歡媽媽煮的。

— 煎鯖魚 —

酸酸甜甜像暗戀

— 阿轍 —

二年級、剛剛從暗戀畢業的男孩，
覺得家裡的伙食太好吃，要開一家幸福快樂大餐廳，內用有四十個座位，
奉自己為端盤子主任，期待大豐收！

**有時候冷，有時候熱，
有長有短像手指**

— 諾諾 —

七歲，最愛麵條也愛吃飯，小時候愛吃到圓滾滾，現正挑食中，瘦了下來。會把最愛吃的留在最後，
再加上養成了地中海飲食習慣，會先吃蔬菜再吃蛋白質，會先吃包子裡的肉才吃皮。

辣辣的，甜甜的，什麼形狀都有的

— 海蒂 —

九歲，已經能為自己煎出一顆邊緣恰恰的荷包蛋，還能細膩的掌控時間，幫大人煎半熟蛋。
胃口有著雙子座的好奇心，非常喜愛嘗鮮。
對於飲食內容的分配相當有意識，要是早餐吃肉了，中午就會覺得吃澱粉就好了。

DOCTOR'S TALK

First, Do No Harm

不要大驚小怪
望一望！聞一聞！摸一摸！

文字 尚潔／插畫 不然你來當小寶

在一千多年前，古人用「臟腑嬌嫩、形氣未充」形容剛來到世界上的幼兒，他們的五臟六腑像是剛形塑好的奶油麵團，外頭套著一層還沒充飽氣的皮囊；由於他們生機蓬勃，對水穀營養的需求特別旺盛，顧護脾胃才能充實後天之本。

「脾胃」一詞在中醫泛指整個消化道，被比喻為倉廩之官，意思是儲存糧食並分類發派出去的地方。週歲以前乳食得當，能讓嬰兒好好長大，至於一歲後，持續顧護孩子的脾胃就是每個家庭的核心任務。

在家修習中醫診斷學

中醫兒科有一個可愛的別名叫做「啞科」，取因於小朋友還不太會說話，因此需要倚靠醫師的四診來做判斷。所謂四診，就是「望聞問切」──用看的、用聽聞的、用問的、用摸的。但你知道嗎？其實在孩子還沒生病之前，家長就可以在日常中運用簡單的四診來觀察孩子，在疾病還沒發生時防患於未然。

舉應用度最高的望、聞及觸診來說，在家的觀察重點應是「察覺異常」（而非診斷異常），這是必須建立在長時間的觀察基礎上，進而相對比較出來的。

小兒之病，多過於飽食

現今社會較少會有餓過頭的寶寶，反倒因為奶源方便且選項多元，較常出現吃得太撐的寶寶。小兒若乳食無度會造成脾胃受傷、消化不良，導致過多的食物積而不化，近一步可能引發脹氣、腹痛、吐瀉、便秘，甚或低燒、夜寐不安等症狀。

新生兒的脾胃嬌弱，剛出生時的胃只有藍莓的大小，加上要適應的環境要素太多，口腔肌肉也才剛剛啟動，若要求他們每一餐要定時定量實屬嚴苛，俗話說：

「若要小兒安，三分飢與寒」，餵養並非餵得越飽越好，不會表達的小朋友因此更需仰賴照顧者的觀察力，在飢飽之間拾起他們釋出的「恰恰好」訊息。

隨著寶寶開始經歷副食品，以及滿周歲後漸漸過渡到一般食物後，家長更能四診合參，包含望活動力、胃口、大小二便，聽說話與睡眠的聲音、聞口氣或汗味、摸體溫或肚子脹飽程度等等，都可以觀察出孩子脾胃功能是否正常，而當孩子能夠表達後，也更能問出孩子不舒服的地方。倘若出現上述的脾胃相關不適症狀，不妨抓住先機做一些簡單的護理，例如穴位按摩（天樞穴、足三里穴）或者捏脊療法（見圖示）。

孩子會自我修復

小兒的臟氣輕靈，疾病雖然傳變迅速，但也易於康復。兒童常見疾病除了傷風感冒外，另一個就是飲食不節造成的脾胃疾病。做家長很難面面俱到，不妨參考一下西波克拉底的醫師誓詞裡那句簡單有力的話：「最首要的是勿傷害。」(First, do no harm.)

如果大人能替孩子做基本的把關，不讓他們過度飢餓或過度飽食、食物能乾淨且營養均衡，那麼就

已經是非常不簡單的事情了。倘若孩子真的生病，家長也要相信你的孩子需要一段時間靜一靜，讓他們回歸簡單的作息，給予充足陪伴與觀察，而當他們開始想吃東西時，那就表示孩子離康復不遠了。

脾胃為家庭之本

中醫有句話說：「脾胃為後天之本」，脾胃顧護得好，孩子便長得好，學習發展也能獲得助益，所以對有小孩的家庭來說，脾胃若被稱為一家之本也當之無愧。當發現孩子「怪怪的」時候請先給他們多一點點時間調整，用簡單天然的食物、放慢學習步調與聲光刺激，搭配更多的休息與陪伴，佐以穴位按摩，引領他們回到正常的狀態。

在家運用中醫四診來觀察孩子並非要取代醫師的診斷治療，而是鼓勵每個家庭透過簡單平實的每日觀察，來顧護孩子的脾胃，培養美好且充實的家庭核心。

尚潔
致力推廣簡化生活的中醫師，著有《沒有垃圾的公寓生活》並經營同名部落格，從婚禮到居家生產盡可能不產生垃圾，現育有一個一歲大的女兒。

簡易脾胃按摩術

揉天樞穴

< 適用情況 >
嘔吐、腹瀉、腹痛，便秘、腸鳴腹脹、食慾不振。

< 位置 >
天樞穴位在肚臍左右旁開三指寬（用小朋友的三指併攏的寬度）。

< 操作手法 >
家長可用單手食指與中指的指腹（即勝利手勢）或是雙手大拇指指腹對天樞穴做局部揉按 30-50 下或 1～2 分鐘，空腹進行。

< 適用情況 >
消化不良、營養不良、預防感冒。

< 位置 >
脊椎正中為督脈，兩側為足太陽膀胱經的各穴包含各臟腑俞穴，捏脊範圍從尾椎骨下端（長強穴）開始，範圍由下而上至領口處第七頸椎脊突下（大椎穴）。

< 操作手法 >
家長兩手沿著孩子的脊柱兩側由下而上連續捏提肌膚，操作以拇指在下、食指與中指在上捏提皮肉（可以連續捻動或是捏三下輕提一下），自尾椎開始向上捏至大椎穴算作捏脊一遍，每次捏脊三至六遍，每天一次，空腹進行。

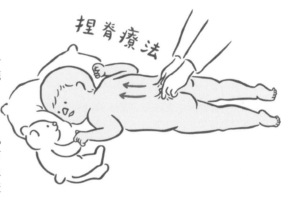

捏脊療法

揉按敲打
足三里穴

< 適用情況 >
腹脹、腹痛、嘔吐、腹瀉、消化不良。

< 位置 >
足三里穴在小腿前外側，位在外膝眼下三寸（孩子四指併攏的寬度），小腿脛骨嵴向外側旁開一寸（大拇指寬）處。

< 操作手法 >
孩子微曲膝，家長用大拇指揉按孩子小腿的足三里穴道，每日 50-100 下。大小孩也能自己用拳頭輕敲足三里學習自我療癒。

米食

〔四堂課〕

廚房是最自在的五感課堂，
帶孩子一起創作味覺記憶。

企劃・文字 游惠玲／插畫 達姆

親子教育作家蔡穎卿女士的《媽媽是最初的老師》一書，是我的食育啟蒙書，若說父母是孩子最初的老師，那廚房就應該是最自在的學習教室了。活絡這方空間，自然能開啟不同課程，跟孩子攜手備菜下廚，潛移默化打開五感，創作家族味覺記憶。廚房裡有數學課，做烘焙時，秤量麵粉、糖、鹽、蛋液、奶油等材料，需要計算，也從中理解比例、體積、份數概念。我喜歡帶著兒子做戚風蛋糕，蛋白打發之後，立體白皙的蛋白霜會緊密攀附在攪拌盆裡，此刻要浮誇的將攪拌盆上下翻轉，接著就等小孩發出「哇！」的驚嘆聲。他總會開心喊著：「再玩一次！」這堂有物理有化學的課程，再玩一百次也不膩。

植物課，每種蔬果的姿態變化萬千，根莖果葉各有作用與使命。與兒子一起做洛神花果醬，正好可以說明我們平時吃的是「果萼」部位，花朵早已凋謝，豔紅的果萼裡藏著一顆鮮綠蘋果，保護著小種子。大自然早就設計好了，蘋果自帶膠質，水煮之後膠質溶出，就成為製作洛神果醬的基底。煮果醬從過程就開始享受，香氣不斷散逸，還沒吃就先嘗到甜頭。

也有歷史地理課，有「番」、「洋」字的食物都透露著它飄洋過海、遠道而來的身世，番薯、番石榴、

番茄、番麥（玉米）、洋芋（馬鈴薯）、洋蔥各有故事脈絡，來到我們的島落地生根，分布各產區。屏東車城的洋蔥、雲林斗南彩色品種的馬鈴薯，早已是餐桌日常料理，形塑發展出在地台灣味。

打開世界及台灣地圖，跟孩子一起研究洋芋，它是如何隨著西班牙人從南美帶到歐洲，進而成為世界重要作物。而台灣的洋芋，則是在 17 世紀跟著荷蘭人來到台灣，現在的雲林斗南除了常見的「克尼伯」（黃皮白肉），還有紫皮紫肉的「紫色星空」、紅皮黃肉的「粉佳人」等，口感風味皆不同。

隨著節氣變化的日常餐桌料理，也訴說著代代相承的故事。夏天的綠竹筍是我們全家的最愛，或涼拌或煮福菜筍片湯或味噌炙燒都好吃。我父親的老家在大溪山上，我會跟兒子分享小時候回三合院過年的故事；到了夏天，就帶著他回山裡找綠竹筍，跟種筍的堂弟聽土地的聲音。

每道家庭料理都有其緣由典故，媽媽、奶奶、外婆、爸爸、爺爺、外公身上都有歷史，也就像是作家陳柔縉的著作《人人身上都是一個時代》所述說的。透過飲食，我們回憶回味，這是「生命故事」課程。

說是上課未免太嚴肅了，飲食日日餐餐滋養我們，就跟呼吸一樣自然，從飲食延伸的世界，美味美妙。在接下來的廚房教室裡，一起透過跟我們日常最親近的「稻米」，傳遞生活經驗，談「米食裡的祝福」。端午要包粽、冬至吃湯圓，米粉、粄條和米干都是米製品，每天少不了的米飯有哪些品種？

這次家庭實作課，以米為題，將帶孩子跟著食物玩樂，把忘記的再找回來，跟著孩子再長大一次。

LESSON 01 : TRAVEL
賞稻旅行台灣

LESSON 02 : COOKING
認識食材，捏米丸子、搓湯圓

LESSON 03 : INTERVIEW
帶著孩子記錄家族食譜，寫家庭生活故事

LESSON 04 : DRAWING
觸摸食材的紋理，創作成喜歡的風景

LESSON 01 : TRAVEL

{風土課：認識我們的米}

認識米，從產地開始。

稻作在四個多月的生長期間，農田景觀也隨四時變化，插秧後的水稻田，就成爲濕地，涵養水資源，孕育鳥類、兩棲類等生命，是座生態教室。

你看過稻子開花嗎？6 月 6 日芒種前後，是一期稻作的吐穗開花時節，得拿放大鏡才看得明白的稻花，細小雅緻，黃白嬌柔。微風襲來，稻浪波波相連，心曠神怡。帶孩子遊台灣、看稻田，親近我們的米文化。

台灣米的生長期？

台灣屬副熱帶及熱帶季風氣候，水稻可收穫 2 至 3 次，但宜蘭地區因受冬季東北季風影響，只種一期稻作。一般來說，水稻成長約需四個多月時間，各地區依氣候溫度，插秧及收穫時間也都不同，同一期稻作，屏東地區會最早插秧、收穫。

我們有多少品種的米，風味有什麼不同？

我們平時吃的米飯，大多是稉米，也就是蓬萊米，外觀特色是短圓，因支鏈澱粉含量高，吃起來彈黏。秈米大多拿來加工，製作碗粿、米粉、蘿蔔糕、粄條等米製品，米型長，口感鬆，直鏈澱粉含量高，少黏性。糯米則有長糯及圓糯，較稉米及秈米來得更有黏性，支鏈澱粉含量最高，適合製作油飯、湯圓等。

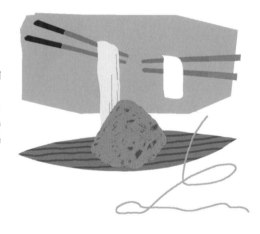

一粒米種子，可以長出多少顆米？

一顆小稻穀竟可長出產量超過 1,000 倍的稻穀！根據「行政院農業委員會農糧署」《稻米達人大挑戰》書中說明：「一粒稻穀播種後，長成一顆稻株，一顆稻株大約可以分長出 14 ～ 22 穗，每穗大約有 70 ～ 140 粒稻穀，合計估算每株可結稻穀 1,000 粒以上。」

如何看懂市售包裝米的標示？

一般來說，包裝上會有「品名」，分為白米、糙米、胚芽米等，有些農家也會特別標示良質米米種，像是台稉 9 號、台南 16 號等。也會看到「產地來源」，有些品牌會標示種植者及種植方式。要特別注意「碾製日期」，這是指碾米、包裝的日期，稻穀一旦經過碾製，就會開始老化，米跟油一樣，要趁新鮮吃，開封後的米應冷藏存放，盡快吃完。

LET'S GO!

TAOYUAN
傳統米食體驗，
一起做粿、農業社區散步

桃園大溪雙口呂＋粳米

才打開桃園 3 號米，淡淡芋香氣就等不及竄出，烹煮過程中，香氣隨著熱度散逸，滿室馨香。口感 Q 彈飽滿，是相當受歡迎的良質米，又被稱為「新香米」。

頭一次認識這支米，是在桃園大溪的南興社區，一位農友大哥以有機方式耕種，自家育苗，就連碾米也自己來，從頭到尾把關品質。而此地水源來自石門大圳，接近源頭石門水庫，水質天生麗質。那時我就愛上桃園 3 號米，更喜歡在可愛迷人的南興社區散步，蜿蜒小徑通往片片良田，鳥聲輕吟，若是待到傍晚，就可以欣賞夕陽餘暉落在水田上的繽紛璀璨。近幾年，「雙口呂 Siang kháu Lū」的飲食文化課程，更豐富聚落生活，跟著這對可愛的夫妻在三合院裡做粿、米篩目及芋粿巧等傳統台味，身心都飽足。

雙口呂 Siang kháu Lū
桃園市大溪區南興路一段277號

日日田職物所
桃園市大溪區仁和路二段190巷37號

YILAN
稻作農事體驗，
一起下田

宜蘭南澳阿聰自然田＋秈米

搭上火車，跟隨東海岸風光進入宜蘭南澳，在與世無爭的世外桃源，入住「南澳阿聰自然田 & 水田屋農家民宿」一泊二食，隨不同時節參與春分插秧、除草、六月收割等農事，體驗台版的「來去鄉下住一晚」。阿聰自然田以日本秀明農法栽種稻米，不使用農藥肥料，讓土地恢復生息，土壤營養充足微生物滿滿，作物自然飽滿苗壯，尊重萬物、與自然共生，既是農法也是生活哲學。

這裡栽培的是適應台灣水土環境已久的在來米，也就是秈稻，或台中秈 10 號或帶有香氣的台農秈 22 號，這兩支稻米經過改良，比一般秈米來得具彈性且柔軟，秈米的直鏈澱粉比粳米高，也更容易消化。阿聰鼓勵大家吃糙米，可以吃進更完整的營養，細細品嘗，香氣繞口。

南澳阿聰自然田&水田屋農家民宿
宜蘭縣南澳鄉南澳村大通路158-1號

TAINAN
藝術文化之旅，
在稻田裡看展覽

台南後壁土溝村＋阿特米

「村是美術館，美術館是村。」10 多年前，充滿青春活力的水牛設計部落，帶著「整座村莊都是美術館」理念，進駐台南後壁土溝村，這村就悄悄緩緩變化，村子裡的常民創作是藝術，四季稻田風光成為展示空間。近幾年，土溝更推廣食農教育，以無毒方式種植「阿特米」，台南 16 號粳米，是以日本的越光米為母本來育種，而有「台版越光米」名號，晶瑩 Q 彈，令人欣喜。

在這裡可以緩下腳步，坐在田邊的房舍屋簷下，喝杯茶，聽稻浪，窸窸窣窣、嘩嘩唰唰。有時風起雨來，就靜靜凝望雨落在稻葉上的聲音。陣雨停、陽光灑，水珠兒被曬成金黃色，一個下午，稻作的千姿百態，是大自然的唯美設計。

土溝
台南市後壁區土溝里59號

HUALIEN
阿美族文化旅行，
到部落玩

花蓮光復太巴塱＋紅糯米

煮過一次紅糯米，就知道它為什麼被稱作「天神送給阿美族人的禮物」，紅豔的外皮糠層，在視覺上就自帶歡樂節慶感，烹煮過程更是享受，陣陣芋香從鍋裡竄出，黏糯彈牙，一吃傾心。

每年七月份，是花蓮光復太巴塱地區紅糯米收成時分，參與部落的紅糯米收成活動，聆賞原民樂音、搗紅糯米麻糬、製作紅糯米酒釀，還有在地研發的「原圓緣」，像是紅糯米版可麗餅，以紅糯米及中筋麵粉做成的薄煎餅，捲進苜蓿芽、胡蘿蔔、小黃瓜、花生粉等食材及刺蔥佐料。夜裡，在原民演唱會裡搖滾陶醉，在地而純粹的豐收生活。

太巴塱紅糯米生活館
花蓮縣光復鄉富愛街15-1號

LESSON 02 : COOKING

〔料理課：大手小手，捲袖做米食〕

冬至前，媽媽總會打電話給我，「明天冬至，回家吃湯圓吧。」不管在外讀書多累、工作多忙，聽到這句話，心裡就暖了。

小時候，大人總說，「吃了湯圓，就大了一歲囉！」現在，我會帶著兒子一起搓湯圓，揉米丸子。圓胖彈牙的米丸子、軟Q黏糯的湯圓，天生就是療癒系食物，配上繽紛色彩，更迷人了！

米食裡的四季

蔬菜米丸子

好好挑米煮飯，搭配時令最鮮美的食材，在一顆米丸子裡，跟孩子揭示換季的到來。

如何捏米丸子？

好好挑米煮飯，搭配時令最鮮美的食材，在一顆米丸子裡，跟孩子揭示換季的到來。炊飯（或拌飯）盛入碗中，以碗瓢輕撥集中成團狀。

準備**一碗鹽水**，將雙手蘸濕，取出碗中的飯，捏成小丸子狀，稍稍用力，悠著揉，不要將米丸子完全壓實，要外緊內鬆、粒粒清楚才好吃。

春天的翠綠米丸子

油菜＋松子

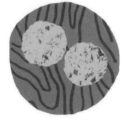

油菜營養豐富鈣質高，清脆爽口，我喜歡把它切得細細，再撒鹽淺漬。等個十五分鐘，葉菜脫水，擠去水分，有點像是雪裏紅，綠得深淺有致。松子送入150℃烤箱烤十分鐘，外表金黃、透著香氣。油鍋裡放點橄欖油，快速翻炒淺漬油菜，再拌入煮好的米飯及松子，以少許鹽調味，即成油綠香鬆的油菜松子拌飯。

夏天的清爽米丸子

綠竹筍＋香菇＋白蝦

水嫩清甜的綠竹筍，採收之後就要跟時間賽跑，筍的青春不等人，買回家後若沒有要馬上料理，趕緊連籜（筍殼）水煮殺青。煮好的筍切成小丁、泡發的乾香菇切細，和蔥油同炒，加些醬油及白胡椒粉調味，再與煮好的米飯拌勻。白蝦燙熟後剝去外殼，切成小丁，跟著米飯一起捏成米丸子。

秋天的芳香米丸子

芋頭＋栗子＋雞肉

白露前後，正是嘉義中埔「黃金板栗」收穫期，新鮮栗子香甜飽滿；9至12月，也是台中大甲檳榔心芋的產期。芋栗皆甜美香鬆，各自芬芳，與雞肉向來是好友。將去殼栗子切成三、四等份，易入口大小，放進飯鍋中與米飯同煮，再加入一小片昆布、醬油及味霖調味。去骨雞腿肉切丁，以醬油及味霖醃製半小時，同樣放進飯鍋同煮，即為雞肉栗子炊飯。芋頭切細丁，加入蔥油炒得外頭酥酥的，再拌入炊飯中，捏成米丸子，是季節的香甜。

冬天的元氣米丸子

高麗菜＋豬五花＋豆皮

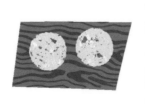

入冬，是高麗菜最美味鮮甜的季節，搭配油脂豐厚的五花肉及製作稻禾壽司用的豆皮，成為台式高麗菜飯的變化版。五花肉切丁，加少許鹽及醬油調味冷藏醃製兩小時，再以油煎，將外表煸得香酥，備用。高麗菜及豆皮切絲，入鍋與飯同煮，並加入少許白醬油調味。飯煮好後，拌入五花肉丁，捏成米丸子即成。

LET'S COOK!

五彩福氣湯圓

現在市面上很容易買到好品質的糯米粉，加水搓揉就可以做成湯圓，還可以加入不同顏色的蔬菜粉，讓甜湯更繽紛美味。

黃橙橙的薑黃粉、酸香淡紫的洛神花粉、粉紅養生的紅麴醬、嫩綠帶芋頭氣味的香蘭葉，吃一口甜，圓圓滿滿、福福氣氣。

STEPS

① 糯米粉加水搓揉，成為糯米糰。

② 剝一小塊糯米糰入鍋煮，煮至糯米糰呈透明 Q 滑，就是「粿粹」，它會讓湯圓吃起來更加 Q 彈。

③ 將粿粹放回糯米糰中，搓揉均勻。

④ 將糯米糰分成數等份，分別加入蔬菜粉、蔬菜汁，揉至顏色均勻。

⑤ 薑黃粉：亮黃 / 洛神花粉：淡紫 / 紅麴：粉紅 / 香蘭葉：淺綠

⑥ 將糯米糰搓成長條形。

⑦ 切成一個個小劑子。用雙手掌心將小劑子搓成圓球狀。

⑧ 煮糖水備用。另燒一鍋水煮湯圓，待小湯圓浮起，即可撈出，放進甜湯裡上桌。

LESSON 03 : INTERVIEW

〔編輯課：讓孩子當總編，寫下味覺族譜〕

帶著孩子一起料理，一邊聊天一邊說故事，自然而然記錄家族的滋味與故事。

可以先找一個特定主題，像是某道家人會一起製作、家族特有的料理，奶奶的珍珠丸子；或是製作節氣、節日食，端午包粽、冬至吃湯圓、生日做戚風蛋糕。

在過程中，請孩子準備相機、筆記本及筆，讓孩子自己捕捉畫面、寫筆記、記錄食譜。跟孩子聊自己的故事，也引導孩子問問題，留下屬於家的味覺記憶。

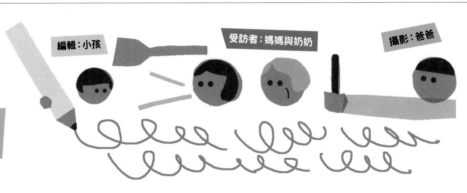

廚房裡的 採訪實作

編輯：小孩　受訪者：媽媽與奶奶　攝影：爸爸

 媽媽為什麼會想自己包粽子？

 我小時候最喜歡看我的阿嬤包粽子，剛蒸好的糯米起鍋，趁熱拌上以醬油炒得香酥金黃的香菇、蝦米、油蔥酥，這「台味三寶」香氣奔放，對我是永遠的鄉愁。冰箱有這三寶炒料，炒米粉、拌油飯、拌麵、製作湯底都行。

結婚之後，每年端午節，奶奶都會包粽子，把我的兒時記憶呼喚回來。我從第一次當奶奶的助手，隔年成為得力幫手，第三年就已經可以獨當一面，邀請奶奶當教練，在旁協助，一起完成。這些過程像是一座座的橋樑，把小時候的我跟現在的我又串在一起了。

我也喜歡你跟我們一起包粽子，從每年爸爸拍的照片裡，就會看見你慢慢長大的軌跡。

關於端午節，媽媽有什麼特別的回憶？

端午的粽子，對我來說是一種迎接夏天的儀式，以前阿嬤都會告訴我，這天過後，厚棉被可以收起來了。端午節很忙，對我像是「夏天的過年」，包粽子之外，還要記得在門口掛上一束亮綠的艾草菖蒲，能趨利避害，我會想起許仙與白蛇的愛情故事。而植物的芳香特質，提醒著我夏天來臨，更要注意蚊蟲出沒、環境衛生。

你出生之後，我們會在端午這天帶你去看龍舟比賽，在河邊小野餐，跟你說屈原的故事；中午立蛋，你還會跟我們聊科學物理原理。

 奶奶的粽子，是跟誰學的呢？

奶奶從小在桃園大溪的農村長大，以前奶奶的媽媽每年都會包肉粽、鹼粽。奶奶以前就很喜歡吃鹼粽，要冰冰的蘸砂糖吃，像甜點一樣。後來奶奶跟當軍人的爺爺結婚，搬進桃園楊梅的眷村裡住，軍人來自各省各地，也帶來多元飲食習慣，手巧的奶奶從其他眷村媽媽那學到豆沙粽的作法，加上自己的喜好，成為私房版本，用橄欖油做的豆沙粽，好吃又健康。

 奶奶，為什麼端午節你都會炒茄子和豇豆呢？

 端午節也是茄子、長豇豆盛產期，營養豐富，美味健康。奶奶小時候過端午節，餐桌上一定有「茄子炒豇豆」這道菜，我們小孩都知道這句台灣諺語：「食茄ㄅㄚ ㄑㄧㄡ ㄅㄧㄡˊ，吃豆吃老老。」就是「健康長壽」的意思。現在過端午節，奶奶也一定會炒這道菜給大家吃。

LET'S ASK

問出奶奶的家傳肉粽食譜

1. 長糯米——要浸泡三小時，瀝乾備用
2. 滷一鍋好料——喜歡吃什麼就滷什麼
3. 一定要加爸爸最愛的水煮花生
4. 櫥櫃裡找香料——五香粉、白胡椒粉、紅蔥頭
5. 鹽

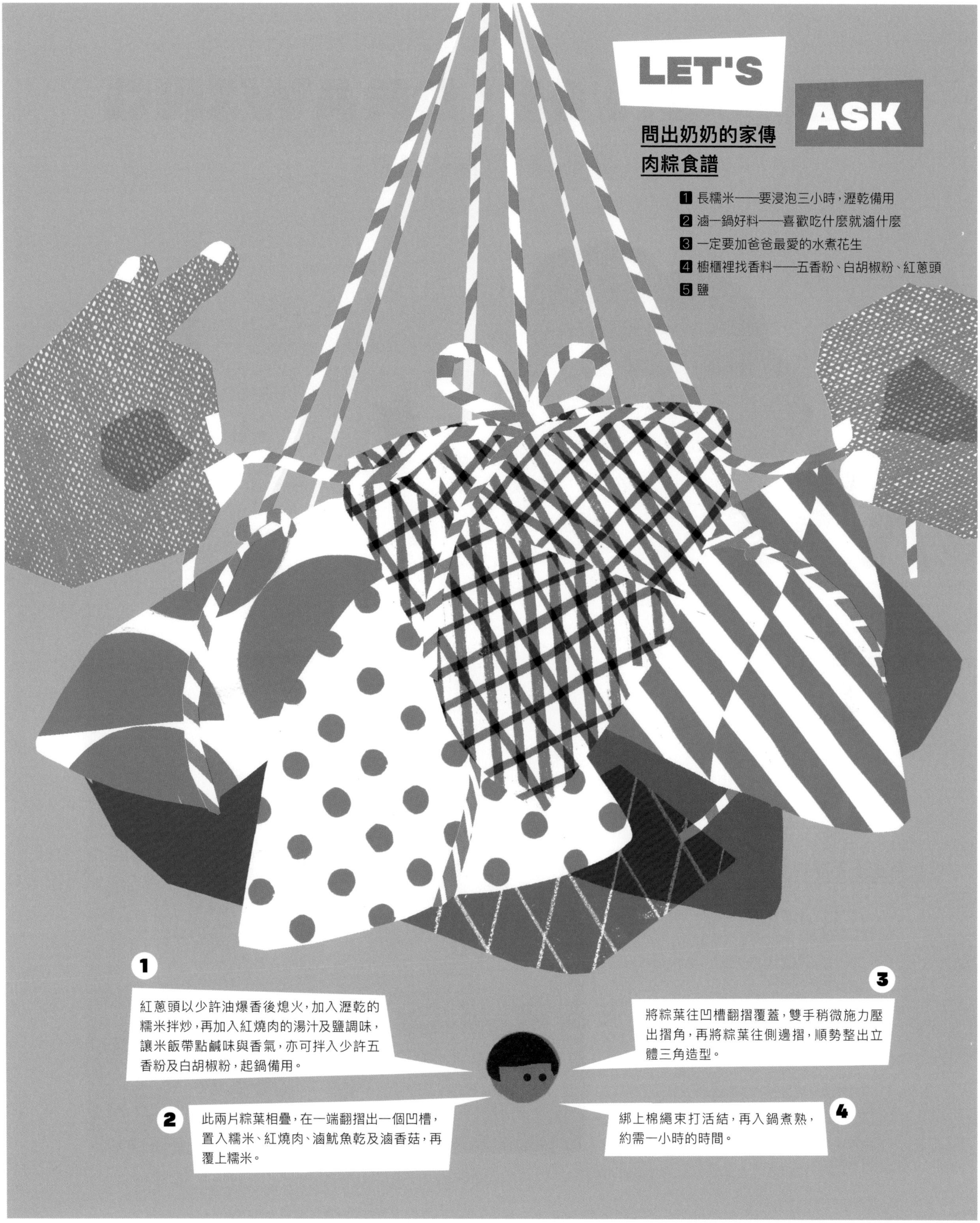

1

紅蔥頭以少許油爆香後熄火，加入瀝乾的糯米拌炒，再加入紅燒肉的湯汁及鹽調味，讓米飯帶點鹹味與香氣，亦可拌入少許五香粉及白胡椒粉，起鍋備用。

2

此兩片粽葉相疊，在一端翻摺出一個凹槽，置入糯米、紅燒肉、滷魷魚乾及滷香菇，再覆上糯米。

3

將粽葉往凹槽翻摺覆蓋，雙手稍微施力壓出摺角，再將粽葉往側邊摺，順勢整出立體三角造型。

4

綁上棉繩束打活結，再入鍋煮熟，約需一小時的時間。

LESSON 04 : DRAWING

{畫畫課:粒粒皆風景}

創作者 | 阿島 a dot studio 鄒曉葦

因為疫情,這一年一家人外出看風景的機會減少了好多,來找一找家裡的食材,利用自然的顏色作為顏料,創造出一幅大器的水秀山明或沿路一瞥的小小景色。

米與食的自由創作

找出這些材料

米粒……1 杯
平台 (盤子或砧板)……1 個
家中現有食材、乾貨
想郊遊的心……1 顆

大手拉小手開始!

→和孩子一起討論什麼是風景,喜歡什麼色彩的風景?

→觀察家中的食材顏色、形狀,有哪些是可以改變形狀的呢?

→試試看切開食材看剖面。

→利用食材原有的顏色、形狀來想像適合當作自然中的什麼。

→當需要不規則形狀的時候,像是雲朵、河川、一整片天空,就交給米粒來填滿。

→自由的排列擺放,共同完成心中的那片好風景。

LET'S READ!

和孩子從繪本裡探索食物的各種故事，
想想你們家也有過的料理風景。

《 PETE'S A PIZZA 》

Steig, William 著

PUFFIN BOOKS

男孩 Pete 因為下雨不能出去玩而憂愁，爸爸邀請他來做披薩，但用的不是麵團，是 Pete！
爸爸把 Pete 當作披薩在桌上揉一揉、拉一拉還拋起來丟，在他身上灑紙屑當起司，還放到沙發上烤一烤。將料理變成身體性的感受，化解孩子的情緒，還一起度過了親密的遊戲時光。

《 BATATA CHACA-CHACA 》

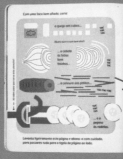 

Yara Kono 著

Planeta Tangerina

食材從耕種、運送到買回家，在廚房展開一場備料的過程，邀請孩子們在清洗、刨皮、切片的步驟中，看看食材的原型，還可以搭配狀聲詞，唸出好玩的節奏。作者在色彩、形狀的使用上鮮明、俐落、充滿熱情，帶人進入到一個熱鬧的廚房，一起完成一桌好料。

《 蔬菜頌歌 》

窗道雄 文｜齊藤恭久 繪

步步出版

每個蔬菜在作者筆下都是那麼美好與獨一無二，就像是舞台上的主角閃閃發亮。作者以詩歌的方式讚揚滋養我們長大的蔬菜，在閱讀過程中，藉由細膩的圖文認識蔬果的顏色與外型，在家裡也可以實際拿出家中的蔬菜，和孩子一起找出適合形容的文字，做出與孩子的蔬菜頌歌。

《 怎麼吃也吃不完的鬼咖哩 》

Goma 著

大穎文化

故事發生在狐狸麵包師傅每天買完食材會經過的森林，他遇到一群蔬菜鬼圍著一個大鍋子跳舞，一個一個跳進去要煮蔬菜湯，看起來好好玩！繪本使用了拼貼的方式，搭配繪畫和食材的照片。從繪本裡可以看見小孩最愛的咖哩飯裡，加了哪些蔬菜，看完真的好想來一盤咖哩飯啊！

1 eshen ceramics
陶吊燈
不上釉的陶燈，擁有岩石般的色澤。用一盞可以拉近餐桌的吊燈，為餐桌創造多點光影的質地。

2 Claire Ritchie
印花亞麻掛布
澳洲藝術家Claire Ritchie以顏色為創作語言，掛上一張就能用明亮的色塊轉換今天的用餐情境。

3 繪本《老虎來喝下午茶》附加陶瓷下午茶道具組
把孩子帶進自己在單身時也快樂的事情，在經典繪本裡，我們和老虎有個下午茶之約。

1

Play First

喜歡吃飯三部曲
- 吃飯家家酒

吃飯是生活的累積，每餐都是一場學習，
你學習小孩一直再更新的口味和用餐情緒，
小孩學習大人吃飯的方式和情境。
互相磨合彼此的習性，是有點辛苦，有點捉摸不定，
不過好險，我們有美麗的餐具，和一起認識蔬果的遊戲。

企劃 Grace Wu／編輯・文字 劉秝綬／攝影 Sydney Sie／模特兒 妹妹

邀請私處 my place 的 Grace 策劃三場與小孩的吃飯家家酒，要在吃飯之前，主動為用餐創造多一點樂趣，分享你也享受的感覺給孩子們感應，也許，很快就能建立彼此的快樂默契！

以料理為生活與事業重心的 Grace，有個以廖理為名的女兒，一家人會為吃飯創造許多樂趣，她分享道幾個屬於私處的快樂用餐法：

1. 變換用餐的地點、餐具或情境，就能讓吃飯更好玩，比如將餐桌搬到陽台，就是野餐！
2. 要讓有自己的餐盤，不同的餐點用不同的餐器妝點它的美味。
3. 偶爾來點罪惡的食物。
4. 在準備屬於大人餐點時，也特製一份專屬於孩子的兒童餐吧！

4
Sabre
餐具
與孩子一起用餐,也是餐桌
美學的分享,拿你也喜歡的
橄欖木給他用看看。

5
Erzi
木作起司組
德國的Erzi木作,採用山毛
櫸木與無毒塗漆,造型樸拙
可愛,是孩子們玩家家酒的
好玩伴。

6
polyanka_mar
亞麻蔬果
來自俄羅斯媽媽的手作食
材,是就算玩到忘了收起來,
擺著也漂亮的亞麻質地。

7
檜木製三角飯糰模
三角形的飯糰很可愛,捏起
來卻相當困難,好用的道具
用下去,讓親子一起享受輕
鬆完成的樂趣。

8
MinMin Copenhagen
尋寶遊戲組
木作的圓潤的設計,柔和了
香菇、葉子、鳥蛋的具象感,
小孩可以一把抓的尺寸,輕
鬆收藏大自然的美麗。

TEA TIME

為用餐創造一些迷人的情境，也許就從下午茶開始，
越來越喜歡一起吃飯。

1

俄羅斯美味甜筒
來自俄羅斯的新興工作木
坊，山毛櫸的溫潤質地，讓食
物遊戲玩得可口又美麗。

2

繪本《老虎來喝下午茶》
經典的寓言式立體繪本，傳
遞出分享與知足的快樂，將
用餐這件事延伸出更多奇幻
的可能。

3

Bloomingville
木製販售舖玩具組
丹麥美學的柔和色系，調和
成療癒力十足的各種甜點
食品。

4

PLANTOYS
陽光早餐托盤
來自泰國，利用回收橡膠木
製作安全玩具的PLAN-
TOYS，透過托盤承起每個
用餐情境的樂趣。

5

Make Me Iconic
下午茶具組
迷你卻迷人的設計，從茶
包、蜂蜜、和杯口那片檸檬都
不失細節！

COOKING

邀請小孩幫上一些簡單的忙，透過有力的器具協助，
讓小孩認識媽媽埋頭在廚房裡那麼久的過程。
一起做菜的時間可能變得更長，但也多出一點笑聲了。

① **Woodchuck**
起司刨刀附胡桃木盒
源自於家庭的需求所創作的
各種木作，小孩可以刨下的
起司，都承接在木盒中，不怕
飛得到處都是。

② **繪本《今天的點心》**
3D鏡面繪本的設計，讓簡單
的故事擁有生動的溫馨，從
打蛋開始，到完成點心，鏡面
彷彿浮出了香香的熱氣。

③ **Erzi**
木作起司麵包組
愛吃的食物，通通都要迷你
成收藏的遊戲！

④ **Fox Run**
義式麵疙瘩壓紋板
大手小手一起，將麵團或麵
皮在上面壓一壓、滾一滾，滾
出容易沾上醬汁的紋理，像
義大利人一樣在家做麵疙瘩
（Gnocchi）吧！

⑤ **Fox Run**
檸檬榨汁器
省力的設計，握緊手把就能
過濾檸檬籽，小孩也能輕鬆
榨汁～

⑥ **繪本《Pancakes! An
Interactive Recipe
Book》**
在這本互動式食譜中，小孩
可以跟著細緻的料理過程，
玩出一桌的鬆餅。同系列還
有披薩、塔可餅。

GO SHOPPING!

各種特色的食材專門店，爲我們打開多元料理的視野，帶著孩子推購物車，討論想吃的菜，拿一拿看一看，什麼家裡還有不用買，什麼已經吃完，小心計算垃圾食物的扣打，一起採買，一起對餐桌有更多的期待。

1
Olli Ella
藤編手推車
友善小孩身高的推車，可以推出門，也可以在家當心愛的玩具收納車。

2
Soupy Tang
純棉手工針織蔬果
各種時令的顏色，都手工織成了可咬可玩的針織蔬果了，是烹煮遊戲的好朋友。

3
MinMin Copenhagen
水果積木
是色澤美味、小手抓握很有存在感的積木遊戲，培養手眼協調，椴木材質更會因時間而更加美麗。

4
Erzi
木作蘑菇提籃
適合小孩提來提去，任意裝載各種遊戲。

5
Bloomingville
木製販售舖玩具組/
木製食物甜點玩具
可愛的販售舖，自由鋪貨真實或玩具蔬菜，在擺放的過程中，享有自我控制的能力和獨立作業的自信。

6
IKEA
玩具收銀機
再小的攤販，都要有收銀機在手，不管生意好不好，把數字按來按去才是正經事。

親子友善的採買好去處

→ **TAKE FIVE**
買菜完要是可以用餐就好了，要是還可以連調味料和酒都一起打包，TAKE FIVE一站搞定！

台北市大安區青田街6巷15號

→ **上下游市集**
市集搜羅了友善土地的產品和加工品，爲家挑選健康的在地食物。

台中市西區五權西二街100號

→ **Dida乳酪**
手工乳酪、起司、奶油，以及與這些食材搭配的料理好朋友，在這裡可以滿足奶製品愛好的一家人。

台中市西區五權西二街92號2F

→ **小温蔬菜坊**
走入產地，將生產者帶到消費者面前的小温蔬菜坊，帶著小孩認識蔬果，和耕作出他們的人吧！

台南市東區裕農路121巷2弄11號

→ **德霖蔬果**
想來點異國料理的話，在這裡可以找到一些日式、歐式的好食材。

台南市中西區友愛街115巷5-2號

→ **裕毛屋**
彷彿來到日本超市！佔地大，不定期舉行日本各地的物產展，小孩也是會逛到體力消耗。

台中市西區公益路150號

家家酒道具購買請洽

木吉｜是間由母親、女人、和孩子而衍伸出的各式雜貨選品店，掛心於對環境永善的種種，在這裡，能找到令人安心又賞心悅目的服飾及用品。

台南市北區育德二路493號

双森子｜成立的發想來自家中的雙胞胎男孩－森林，期望為大人與小孩帶來兼具質感與實用的生活道具，育兒生活一樣精彩過！

私處 my place｜由料理出發，選集每日愛用的相關器具，從廚房到餐桌，注入的是因愛吃而美好的風景。

❷
Music *After* Dinner

喜歡吃飯三部曲
- 吃快一點？慢一點？

拋下對吃飯快慢的成見，
讓一餐以音樂收尾

文字 林暐哲／插畫 若凡

Charlie drank it till his eyes burned,
Then forgot to eat his lunch......
—— Arlo Parks

如果有第二個嘴巴，
就可以邊吃飯邊講話！

在餐桌上好好吃頓飯要常常練習，不厭其煩，尤其跟還在學習用餐的女兒一起更是個具有高度挑戰性的活動。無論如何這些年下來，我發現要保持愉快用餐最關鍵的是——大人不能動怒。

因為大女兒愛講話，全家一起吃飯多了樂趣，也生出許多吃飯太慢、太快相關的麻煩問題。我和太太必須輪流在她講得興高采烈的時候，提醒她盤子裡的飯菜還剩下很多。有時候用唸的要她專心一點，效果不是很好，原來小朋友根本不懂「專心」是什麼意思。換個不同的方式，來點創意告訴她嘴巴一次只能做一件事：「妹妹，妳需要多一個嘴巴才可以一邊吃飯、一邊說話對不對？那妳另外一個嘴巴要放在額頭上還是臉頰上？」

話才講出來就發現糟了，她放下筷子「專心」跟我討論第二個嘴巴要放在哪裡最好。「把第二個嘴巴放在肚子上最好了吧！這樣食物就直接跑進胃裡，原來的嘴巴就可以跟你們聊天，一直說話。」

現在孩子們的想像力和伶牙俐齒非常驚人，有時候會讓父母完全招架不住，哭笑不得。本來希望她可以專心吃飯的用意沒達成就算了，桌上的食物瞬間 zoom out 變成背景，父女倆不停研究起第二個嘴巴甚至第三個嘴巴。坐在對面的太太好傻眼，這麼辛苦燒了一桌好菜，這兩個像伙到底在幹嘛？

太太終於忍不住說話了：「妳要快點吃喔，媽媽幫妳把蝦子都剝好了，快點吃啦。」

「等一下，因為我還沒有第二個嘴巴。」太太看了我一眼，很堅定地對著女兒說：「妹妹，妳現在先吃一個蝦子，先不說話，吃完再來想第二個嘴巴。」妹妹識相地夾了一隻蝦子，放在嘴巴裡說：「蝦子很好吃。」「爸爸你看，我現在嘴巴裡有蝦子可是我還是可以說話，我不需要第二個嘴巴了。」

學女兒把一口飯嚼到最爛，
竟嚐到了新的味道

身為一個常常懷疑是否過度寵愛女兒的爸爸，眼睜睜看著 20 分鐘過去她只吃了一支蝦子。我好擔心她被媽媽唸，當然也會擔心她是不是吃不好。就在那個瞬間，我有一種似曾相識的感覺。我看了一下自己的碗，不知道什麼時候早就吃完了，我想起小時候被我媽跟身旁的阿姨訓斥，「你吃那麼慢，吃飯都不專心，以後長大什麼事都跟不上。人家大哥吃飯一下子就把菜掃光光了，男生吃飯就是要快才有男子氣概，你怎麼拖拖拉拉像個女生一樣！」

這種教育方式，讓我不但學會狼吞虎嚥，而且還沾沾自喜的以為自己很有男子氣概，為我日後的胃潰瘍打下基礎。

我跟女兒一樣從小也是個愛講話的小孩，我一直有個疑問是「到底吃飯的時候能不能講話」？當了爸

爸之後才有機會重新把這個問題想了一下。因為跟女兒一起吃飯要注意她吃得好不好，要邊吃邊教，我才發現我自己吃飯太快的習慣還真難改。她現在會一口飯咀嚼到都完全軟爛才願意吞下去，我忍不住好奇問她這樣食物還有味道嗎？她的回答嚇了我一跳，她說：「會有不一樣的味道，會有真正的味道。」我立刻學她把一塊三層肉夾起來放到嘴巴咬到跟她一樣爛的程度，真的有不一樣的味道，是我這一輩子都沒嚐過的肉味。有時候不知道是我教她，還是她教我。

其實我們對於孩子吃飯吃得好不好的認定標準，也還是以速度快慢為主。這樣真的是對的嗎？有胃痛的是我耶，我真的要叫她吃快一點嗎？

Anyway，我不知道該怎麼繼續坐在餐桌上用餐了，我設了一個 20 分鐘的 timer：「妹妹，20 分鐘夠嗎，儘量吃好嗎？」我離開餐桌去客廳拿了一張唱片開始播了起來。飯後聽音樂是我們家的一個習慣，lockdown 不能出去運動，我只能一邊聽音樂，一邊甩手幫助消化 (老人無誤)。偷偷卸下吃飯時教導女兒吃飯的責任，默默地把這件事留給還在吃飯的太太。沒想到音樂才放出來，妹妹就跳下桌跑到我身邊說「這是 Arlo Parks 嗎？我很喜歡聽耶。」

說完就跳起舞來，我偷瞄了我太太一眼，繼續聽著：

Charlie drank it till his eyes burned, Then forgot to eat his lunch......

POST-DINNER MUSIC

用餐不聽音樂，適合餐後的九張專輯

餐後助消化

Arlo Parks
《Collapsed in Sunbeams》

Jack Johnson
《In Between Dreams》

合輯
《45 Comptines et Chansons des》

餐後動一動

Dua Lipa
《Future Nostalgia》

Justin Timberlake
《Can't Stop the feeling》

Quinka, with a Yawn
《Kodomo records 1》

餐後靜一靜

Arvo Part
《Spiegel im Spiegel –
Version for vilolin and piano》

Sufjan Stevens
《Carrie & Lowell》

大貫妙子、坂本龍一
《UTAU》

3

Literature
In The End

喜歡吃飯三部曲
- 上桌！故事裡的菜色

閱讀六篇飲食文學作品，
召喚儲存於味蕾裡的親子記憶

文字 劉怡青／插畫 不然你來當小寶

《這一年吃些什麼好？》

"

做媽媽的很久很久以前也
曾是個小朋友，然後也是
個青春期的孩子。替她烤
著香蕉蛋糕，自己也想起很
多很多年前的痛苦來。

所以，今天又烤了香蕉蛋糕。
有青春期的孩子吃香蕉蛋糕多
好。青春期的孩子說：將來要過
烤香蕉蛋糕的日子。可以啊，妳
烤吧。

"

喜愛台灣的日本作家新井一二三，以一年十二個月
為時序，紀錄東京家庭的四季飲食故事。烤香蕉蛋
糕，是為了鼓勵青春期受到挫折的女兒，女兒看到
偶像宇多田光為她的孩子烤香蕉蛋糕，才興起想吃
的念頭；新井一二三說，「大了一點的孩子會憑它想
起更小的時候來」。往後每當遇上挫折，也能為自
己烤香蕉蛋糕吧？

作者｜新井一二三
出版｜大田出版

《良露家之味》

"

母親在飲食之事上如此善體人意，不太挑剔，卻使得我在回想她
究竟喜歡吃什麼時，變成彷彿得了失憶症，幾乎不大能想起母親
主動或積極地表示要吃什麼東西，是吃白菜燒豆腐呢？（父親的人
間至味），還是魯麵？（阿嬤的最愛）。然而我記憶中卻有一些恍
惚的和食物相關的記憶和母親有關，像母親很喜歡吃零食，有一
陣子她常常在吃起司餅乾，有一陣子吃南棗核桃糖，有一陣子吃仙
楂，常常吃各種零食的母親，到了飯桌吃正餐時自然胃口不好了。
父親總說母親零食吃太多會沒營養，但吃零食是不是也是一種反
抗行為呢？反抗她潛意識中不能主掌食物的選擇。

"

自小吃慣閩南菜的母親，在婚後不得不重新適應父
親較拿手的江浙菜，她雖不熱愛下廚，卻非常會稱
讚別人燒的菜。然而仔細回想，卻怎麼也無法想起
母親最愛是哪一道菜。飲食作家韓良露以《良露家
之味》書寫自幼的家族餐桌記憶，卻也意會到
母親角色進入新的家庭環境同時，原來也
改變了自身與食物的關係。

作者｜韓良露
出版｜大塊文化

《國宴與家宴》

"

那時候父親身體已經很不行
了，可是他撐著半夜要起來看球
賽，準備要看的那天下午，他便會催我去煮綠豆湯，
半夜球賽開打，一到第二局開始，便叫我去熱一些
來吃，好像吃了才好給球隊加油。所以後來每回喝
綠豆湯，就覺得要打開電視來看看是不是有球賽，
記憶中，某些食物和某些事情總是連成一串。

"

每個家庭或許都有過煮綠豆湯的記憶，但場景
未必相同。不是夏夜裡冰鎮過後加入粉角，亦不
是裝進密封袋裡凍成冰棒，作家王宣一寫綠豆
湯的記憶，是為父親看球賽前做的準備。《國宴
與家宴》主要記述母親於廚房穿梭往復的身影，
由家的餐桌寫入一個時代，卻也將食的滋味連結
了日常微小而真切的儀式感。

作者｜王宣一
出版｜新經典文化

> 今天的壽星
> 可以多一顆鴨蛋喔!

《庖廚食光》

> 小時候過生日,哪有什麼生日蛋糕,蛋,倒是有。那好像福州人的習俗,那天早上爸爸會煮雞湯麵線,每個人碗裡有一顆雞蛋,而壽星外加一顆鴨蛋。這就是我們的生日大餐啦。那麼簡單的一碗麵線,怎麼會那麼好吃,那麼叫人懷念呢?
>
> 蛋是生命的起源,往往也是一個人練習廚事的起步。

「蛋是窮人的營養聖品」,雞蛋絕對是家裡必備食材,從早餐吐司到宵夜泡麵,都能扮演舉足輕重角色。作家宇文正《庖廚食光》寫母親有過一件糗事,為招待父親的朋友而料理一桌好菜,未料每道菜都有雞蛋——貧苦年代,蛋是能端出的最好菜色,也因而替孩子過生日,便是碗裡多顆蛋。吃得好,是那個年代最大的祝福。

作者|宇文正
出版|遠流出版

《其實大家都想做菜》

你是什麼年紀開始愛上吃辣?大人總希望自己的孩子吃食能夠清淡,然而體驗過香辣淋漓的美食,也會想小孩何時才能也感受這種暢快。味覺體驗的開發,需要一點契機。《其實大家都想做菜》最末章是美食家為人母後重新思考飲食的書寫,不止自身成為了哺育生命的客體,也記述下兒子踏上老饕之路的趣味過程。

作者|莊祖宜
出版|新經典文化

> 其實區區豆瓣醬炒出來的家常豆腐哪裡辣得著述海呢?他連麻婆豆腐和擔擔麵都吃得津津有味!倒不是我閒來沒事訓練小嬰兒吃辣椒,實在因為述海從半歲以來就對大人的食物表現出高度興趣,我們吃飯的時候他每每望穿秋水,嘴巴一張一閉,拍桌子蹬腳的模樣非常有說服力,好幾次讓我忍不住拿筷子沾點味道給他嚐嚐。本以為一點辛辣會有嚇阻作用,沒想到他一嚐卻嚐出了興頭,從此胃口大開,等我聽說兒童一歲之前不宜吃鹽的時候已經來不及了。述海吃香喝辣,儼然已成小老饕。

《食記百味》

> 做午飯時在切小黃瓜。切好的小黃瓜用馬路村的水果醋醬油(去高知以後,流行使用這個)抓一抓,加上紫蘇絲和少許麻油拌勻,做成簡單的沙拉。
>
> 小不點會說一點話了,看到小黃瓜,說:「我要吃小黃瓜!」我切了三片小黃瓜,讓他用手抓著吃。「小黃瓜好吃!」他撿起掉在洗碗槽裡的瓜蒂要吃,我說:「不可以。」他就回答說:「這個小黃瓜不可以。」然後指著沙拉碗中拌好的小黃瓜,「這個可以吃!」
>
> 他這樣允許自己,我覺得很好玩,於是又讓他抓著吃。我想,他就是這樣,一點一點學會在甚麼狀況下使用甚麼語言。

> 這個小黃瓜
> 不可以!!

不知道孩子是先認知到「物」還是「食物」的呢?拿到什麼都想塞進嘴裡嚐嚐看的本能,逐漸透過辨識大人制止或允許的反應,從「食物」中區別出「不可食之物」,也是與其他人類一同建構語言使用方式的過程。《食記百味》是吉本芭娜娜紀錄與孩子一同的飲食日常,在對話之間,反思許多太過平凡而反被忽視的家常味,及味覺和養育間的緊密關係。

作者|吉本芭娜娜
出版|時報文化

#01

'Me Time' With Kids

料理俱樂部 第一回
邀請小孩參與大人的me time

企劃 DayDay／文字 多麼／攝影 DingDong叮咚

「料理俱樂部」主張廚房不是大人的絕對領域，打開廚房門，邀請孩子一起來做菜，刺激五感還促進肢體發展，最重要的，共同料理是讓食物加倍好吃的旨味。

第一回來到嘉義，由經營旅宿 Antik，也做得一手好甜點的主人 Shelly 來分享，她不只打開廚房門，還將自己的 me time 料理給孩子。這要從被小孩撞見的深夜說起……

Shelly 與先生冠廷習慣在孩子睡後放鬆喝酒、吃宵夜，享用屬於大人的餐桌。一次兒子棠棠下床上廁所，撞見父母的深夜聚會，問了一句：「為什麼大人都有大人的時間吃大人的東西！」讓 Shelly 重新思考，「我們與小孩的飲食能否更有交集，共享更多餐桌的光陰？」便開始在一起做菜中，從選擇食材到份量，料理屬於全家都喜歡的菜，邀請小孩也加入大人的 me time！

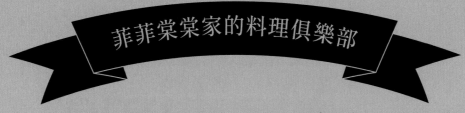

菲菲棠棠家的料理俱樂部

CLUB ADMISSION | 入會須知

1. 用一樣的餐具、吃一樣的料理。
2. 專心吃飯，禁用手機。
3. 歡迎舉杯，盡情慶祝。

FAMILY PROFILE

媽媽 Shelly 經營旅宿Antik
爸爸 冠廷 從事教育工作
哥哥 棠棠 心思細膩說出許多至理名言
妹妹 菲菲 熱愛在廚房裡埋首料理

看著菲菲熟練用著剪刀把花椰菜剪小朵、玉米筍剪小段，準備煮成最愛的「蔬菜滿滿肉醬麵」。

當女孩組在廚房忙碌，男生組收拾好玩具準備去花園採香草。棠棠和爸爸尋找著薄荷，為甜點藍莓塔剪下裝飾。

★ 擅用剪刀的便利性，剪短、剪開都好用，還能訓練小小手指的肌肉。

★ 邀請孩子試味道選擇想要的食材，享受與孩子決定的過程。

備食材，料理一餐，小手在大手中洗菜、切菜、烹煮，練習新技能的過程，有和父母身體間的親暱記憶。

透過詢問小孩想吃什麼，讓他們試味道，賦予選擇的空間，料理和吃飯成為好玩的家庭作業。

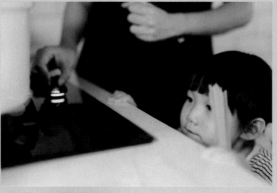

★ 把大人順手的事情交給孩子，比如說與孩子一起觀察火的大小，決定下一個步驟的時間。

★ 攪拌、組裝都是孩子好上手的分工合作，大人藉此空檔整理環境或，喝一杯酒～

看棠棠組裝藍莓塔，他拿起事先烤好的塔殼，用著湯匙壢入卡士達醬，專注媽媽給的製作小提示，把藍莓疊成一座美味的紫色小山。

「做好了！」孩子大聲宣布。

準備上桌，大人爲自己斟酒、小孩倒滿氣泡飲。別忘了舉杯，料理俱樂部邀請小孩參與大人的me time，乾杯開動！

小孩也能共享的 me time 食譜

家中的古董老物不因孩子而封存。每日餐桌上用的老盤，告訴孩子它們年紀和爺爺奶奶差不多，他們會懂得溫柔以待。

餐桌旁的美麗花朵有時候是爸爸插的，也有時候是棠棠和菲菲一起幫忙的，有花相伴增添餐桌的色彩與食慾。

前菜 | 水果派對

•大人準備：
葡萄柚及香吉士從底部劃米字後，剝去外皮、白色皮膜。讓大手帶著小手拿刀子，把水果橫切為片狀。過程芬芳香氣撲鼻，一起偷吃。

•交給小孩：
切片完成的繽紛水果與藍莓，給孩子自由揮灑，像畫畫擺盤出好吃畫面。最後淋上美味的一筆，些許檸檬油醋，增加食材間的融合度。

主菜 | 滿滿蔬菜肉醬義大利麵

•大人準備：
熱鍋加油，切丁洋蔥拌炒後，加入豬絞肉先不炒散，微煎一下，倒入蒜末，將肉邊壓邊炒散，再加入切小丁的胡蘿蔔、玉米筍、鴻禧菇一起炒香。

•交給小孩：
加進新鮮番茄丁及自製蕃茄糊燉煮，和小孩一起試味道，新鮮番茄丁剩餘的湯汁來調整肉醬濃度。加入切小小的花椰菜續煮至肉醬稍微收汁，依喜好加入起司片，最後淋在煮好的義大利麵上，完成！

甜點 | 藍莓卡士達醬小塔

•大人準備：
前一夜先做好塔殼和卡士達醬

卡士達醬： 牛奶、砂糖、新鮮香草籽煮成牛奶液；蛋黃加砂糖、玉米粉拌勻為蛋黃糊。將牛奶液倒些許至蛋黃糊裡拌勻，再將全部蛋黃糊倒回剩下的牛奶液拌勻，隔水加熱攪拌成濃稠狀加入無鹽奶油後放涼，冰鎮備用。

塔殼： 無鹽奶油放室溫軟化後，加入糖粉拌勻；室溫全蛋打散，分次拌入奶油糊；低筋麵粉過篩與鹽巴加入奶油糊拌勻，用手輕整成糰狀，勿過度揉壓避免出筋。將麵糰包保鮮膜，冷藏30分鐘以上鬆弛後再取出，便可擀入塔模中進烤箱烘烤。

•交給小孩：
填餡與裝飾交給孩子甜點師

填餡： 用小湯匙將卡士達醬填入塔殼，孩子自己做主藍莓份量。

裝飾： 藍莓小山上鋪上奇異果裝飾。還少了點什麼？給孩子任務，到花園摘香草，新鮮現摘薄荷葉裝飾頂端，灑上開心果碎粒，增加視覺豐富度。

再來一次的媽媽

有時候我們會想
「如果再給我一次機會，我會……。」
答案總是遺憾，但其實當了媽媽你就有機會再來一次喔。

當媽媽後才知道，人生有兩種，
生小孩前的人生和生小孩後的人生。

第**1**人生

第**2**人生

生了小孩後就展開第二人生。

Chicken Ranch
(In The Suburbs)

吃過雞蛋但沒看過雞走路？
近郊撿蛋去！

文字 劉怡青／攝影 鄭弘敬／模特兒 實子 品澄

外頭的世界，還有很多好玩的吧！餐桌上的料理，來自爐灶上噗嚕嚕滾燙的湯鍋，噠噠噠切菜的砧板，那再更遠一點呢？市場、商店、攤販，再遠一點！要去牧場看看母雞生蛋的地方嗎？

帶小孩出門總是預期要一番折騰，但戶外活動與陌生場所的不確定因素，反而能為孩子打開感官去探索——比在家多一點點的麻煩，可是會多好多快樂。帶小孩放風，大人也要一起好玩呀！

今日小小體驗員

品澄

實子

北 投 近 郊 的 養 雞 場

── 隨野家養雞場 ──

這是一家搭捷運就可以到達的養雞場！位於台北捷運北投站步行約 15 分鐘距離，對大人來說散步即可抵，如果帶著小小孩，搭計程車還不用跳錶！5 分鐘內就可以享受被雞群環繞的快感。

臨山但不在山上的隨野家，藏身小巷裡，小小一塊農地築起半開放的木屋教室，對面就是放養雞群的區域，地上鋪撒黃色米糠，隔出了只養母雞的「女生宿舍」以及「男女混宿」和母雞下蛋專門的「月子中心」。為什麼會蓋出這麼一座小巧可愛的養雞場呢？農場主人佳敏說起曾經到中國雲南寶山石頭城旅行時，在寄宿的地方吃了

一道「炒雞蛋」──「只是炒雞蛋而已，為什麼蛋這麼香又沒有腥味？」於是偷偷下定決心，總有一天要自己養雞生蛋來吃！

「我們的活動空間是開放式的，吹得到自然的風、當然夏天的下午也會曬到斜射進來的陽光。夏天的時候會有蚊子、蜂類自由來去，還有我們的雞助教，常常會來搶小朋友的零食。」說時遲那時快！一隻「咕咕咕」已經跳上教室外的木頭平台，這個週末下午，就帶小孩來看雞蛋產地，體驗特別為小孩設計的「暖雞中的小蛋農」活動。

公雞母雞怎麼分？

還有這麼多顏色的雞蛋啊…

一般人辨別公雞母雞的方式，都是從觀察「雞冠」下手，雞冠比較大的是公雞、比較小的母雞，還有體型大的是公雞、小的是母雞…但其實還有一個明顯特徵，答案就在雞爪上！由於公雞在發情期間，會彼此打架以分出地位高低，演化上就較母雞多了「鉅」的構造。下次買鳳爪吃，也可以觀察看看它生前是公雞還是母雞喔。（咦？）

農場另外也製作了各種母雞和雞蛋的配對牌卡，白色、咖啡色、膚色，還有淺藍色！猜猜看？這些不同顏色的雞蛋，分別是哪個品種的雞所生的呢？

EXERCISE 02

欸～～～住在這麼小的地方嗎？

籠養模擬體驗

一般市場上販售的盒裝雞蛋,多是採「籠養」方式所飼養的母雞所生的蛋。「你們可以想像嗎?四隻母雞一輩子都要擠在一張 A4 大小的範圍下過生活喔。而且為了讓雞蛋可以滾到籠外、方便採集,籠子的設計都是斜斜的。」實子試著把雞蛋模型放進籠裡,雞蛋就咕嚕咕嚕地溜到另一側的採集溝裡。

「想試試看住在籠子裡的感覺嗎?」實子和品澄開開心心走進農場特別為小朋友架設的模擬雞籠住宅,關上門瞬間!品澄才好像突然意會過來,開始哇哇大哭。大人們趨前安慰,也不忘補充一句,「很多母雞都是一生住在這樣的地方,替我們產出好吃的雞蛋的呦⋯」

EXERCISE 03

母雞們都吃些什麼呢？

一起來做下午茶！

驚魂過後，終於來到要和「咕咕咕」面對面的一刻！拿出玉米和曬乾的羅勒葉，還有農場內長得茂密的強勢外來種小花蔓澤蘭、咸豐草和溝樹的葉子，也可以摘採來為雞加菜。一匙一匙放入為孩子準備的小碗，攪攪攪，為母雞準備下午茶的過程就像是製作料理，期間品澄一直迫不期待起身，想趕快讓牠們嚐嚐他的手藝。（笑）

雖然地上鋪了一層乾爽的米糠，農場仍貼心準備防塵腳套，避免踏入雞宿舍後鞋底沾黏。手持下午茶的體驗員們一秒變身大明星，公雞、母雞簇擁而上！一開始實子還只敢將碗放在地上讓雞「自助餐」，一陣子之後，發現原來咕咕咕們都很溫柔，而開始混入雞群玩成一塊。家長難免擔心，雞會不會有攻擊性？「有領導地位的公雞在發情的時候，地域性比較強，我們會在活動前把他做隔離。雞不會平白無故啄人，通常是覺得你身上有好吃的東西。如果配戴會反光的物品或是衣服上有紅黃色的小點點，他們都會因為好奇而啄啄看，並不是攻擊的意味。」

體驗一下被啄，
就會知道力道並不會造成傷害！

EXERCISE 04

沒想到熱熱的耶!

母雞月子中心的撿蛋時刻

最後來到勇闖母雞月子中心撿蛋的時刻。體驗員攜上藤編竹籃配備，走進農場最深處小房間——只見小格子裡窩著幾隻母雞正在休憩，雞身下藏著幾顆剛生不久的新鮮雞蛋，「熱熱的耶」，忍不住驚呼。有白色的也有土黃色的，小手把雞蛋放進籃裡，大人們不忘叮嚀，「這是真的雞蛋喔!輕輕放、輕輕放。」

實子和品澄珍惜地端詳，原來平常吃的雞蛋，是在這樣的地方誕生的呀?

佳敏說，其實雞和貓咪也很像喔!抱來一隻比較親人的品種的咖啡色母雞，「可以摸摸看牠的雞冠和下巴，牠會覺得很舒服。」只見母雞逐漸迷濛的雙眼——「以後可能會比較不敢吃雞肉了呢…」大人們突然緊張起來，但無論如何，能好好珍惜食物就是好的開始呀。

原來平常吃的雞蛋，是在這樣的地方誕生的呀?

生出好吃的蛋喔！

ADDITIONAL INFO

農場主人真心話：其實曾經不想辦體驗活動！？

惦記著當年在雲南村落體驗到的純樸環境，「走在村子的小路裡，會有人牽著驢子走、牛馬養在家門口、雞們自由地穿梭其中」，隨野家最初即是以佳敏自己和雞為「使用者」規劃設計，也曾經誓言不舉辦農事體驗活動。

除了本身不擅長與小孩互動，也是希望花更多心力「把雞照顧好、把蛋的品質和風味顧好」，但隨著主要帶活動的樂樂老師加入，幾次經驗後也意識到，「大部分的成人會來參與這樣的活動，他們希望變得更好、對飲食更在乎、吃得更健康，都是為了自己的孩子。他們希望能和孩子一起成長。」因而開始固定舉辦「暖雞中的小蛋農」活動，透過帶小朋友接觸與餵食母雞、認識牠們居住的環境，希望能讓大家更珍惜自己吃下肚的食物及貼近其他生命——「農場體驗可以是具有影響力的事情。」

農場參觀採活動預約制，詳情請上「隨野家·生活」臉書專頁。
農場位置｜台北市北投區大業路 517 巷 80 號附近農地。
交通方式｜搭乘台北捷運至北投捷運站，走路約 15 分鐘，也可自行開車（有限量停車位）。

給爸媽們的小提醒 ｜ 由於沒有使用除草劑與殺蟲劑的關係，農場內蚊蟲難免，建議替小朋友穿著長褲或噴防蚊液（農場也有準備）；另外，每個小朋友對動物的接受度不同，要確認小朋友本身對動物是好奇而不是恐懼，卻被家長硬帶來呦！

別急著回家，北投還有好玩的！

能買到隨野家雞蛋的無包裝商店
簡塑慢行

「北投捷運站旁的簡塑慢行是隨野家唯一的散裝雞蛋販售處，他們是一間無包裝商店，推廣簡單且環保的生活。」對友善地球的實踐，除了擇食之外也能從生活用品與減低包裝浪費下手！老闆和太太因為喜歡北投的生活步調，以及希望推廣簡單生活，提供自烘咖啡豆、各式香料、果乾和麵條等裸裝的商品販售；如果想補給相關知識，也有書籍、繪本可以選購。

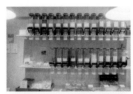

地址 | 台北市北投區中正街 49 巷 35 號
營業時間 | 每週一到六，10:00–13:00、14:30–19:00；
週三，14:00–21:00

開在公園旁的雞蛋糕小舖
跑跑雞蛋糕

雖然使用的不是隨野家的雞蛋，但佳敏說：「跑跑雞蛋糕是我們的好朋友，一家人為了陪伴孩子還有四狗一貓，離開原本高薪但賣肝的工作，轉職賣起成份單純、味道很棒的雞蛋糕，也會使用小農食材做為餡料。」小小店舖就開在公園旁邊，一旁還備有童書取閱，很適合帶孩子來點心補給！最可愛的是，這邊的雞蛋糕不提供竹籤，而是插著一支餅乾棒喔！

地址 | 台北市北投區育仁路 104 巷
營業時間 | 週三、六、日，14:00–17:00；
週四、五，14:00–18:00

Children Around The World

吃素？吃肉？
認識了食物來源再說

文｜吳媛媛

「REKO Ring」是北歐很盛行的農產消費圈，居民在網上直接和鄰近小農訂購，每週在停車場集合取貨。目前在瑞典有越來越多爸媽以身作則，帶著孩子吃素；而就算是葷食父母，也可以引導孩子對自己的飲食消費習慣抱持批判的意識。因此許多父母和孩子利用「REKO Ring」等非主流的農牧產銷方式，讓孩子在小農的網頁上認識他們的牧場，並且從牧場叔叔阿姨手中接過自己訂購的奶蛋和肉。

當孩子意識到「肉」並不只是超市架上那一塊塊平整無表情的美味蛋白質，也許更能進一步思考肉食產業對全球生態氣候、於農牧業勞動的人們，以及對動物們意味著什麼。

徵召勇士，
吃掉青菜敵軍！

文｜賀婕

你家的小孩愛吃青菜嗎？調查顯示，80% 的英國小孩沒有吃足夠的青菜，且有半數的家長已經放棄鼓勵小孩均衡飲食。近幾年常常在英國電視、大眾運輸上看到「青菜抵禦隊（Eat them to defeat them）」的徵召廣告，用後製把青菜塑造為兇惡的敵人，個頭矮小但正準備要統治地球；兒童則是勇敢的超級英雄，咬一口青菜，拯救世界。這是英國非營利組織 Veg Power 為了鼓勵兒童均衡飲食所想出的妙招，除了讓孩子有吃青菜的「使命感」外，直接針對兒童「徵召」的電視廣告，似乎也讓電視前的孩子感受到自己「被需要」、「被看見」，經證實效果良好。

從最貧困的地區
開始推行食育

文｜賀婕

近日被譽為「西班牙 Jamie Oliver」的 Xanty Elias 帶領西班牙小學掀起一場飲食教育革命。西班牙有 40% 的兒童體重過重。Xanty Elias 意識到肥胖對兒童的不良影響，開始深入校園，從歷史、文化、科學與實作課教導孩子對食物的認識，以及如何選擇、烹飪健康的食物。他的努力在三年後獲得巴斯克烹飪世界獎肯定。值得注意的是，他改革的地點是西班牙最窮的區域之一。而與他相鄰的英國名廚 Jamie Oliver 在十年前也嘗試推動學童飲食教育與改良。儘管有些成效，但是在英國相對資本主導的環境以及固有的社會階級下，改革難以全面，特別是社會中下階層的孩子無法受惠。因此 Xanty Elias 有辦法改善貧困區域的兒童飲食，令人加倍振奮。

吳媛媛
台大中文系畢，瑞典隆德大學東亞所碩士。目前為瑞典達拉納大學中文助教，並著書分享瑞典在地觀察。

賀婕
愛丁堡大學藝術碩士，旅居倫敦。現任科技業首席設計師，專注於兒童科技教育。喜愛寫作與繪畫，出版圖文詩集《不正》（二魚文化）及創作多本童書。有粉專及IG「賀婕手歪在英國」。

Lulu EYE
從留學生、上班族到職業婦女，十數年東京生活的身份一轉多變。唯一不變的是喜歡觀察社會面貌與參與各式文藝活動，多了一個小旅伴更樂於一起訓練五官的敏感度，收穫理性與感性的成長。經營IG「lulueye___」。

不樂見的潮流——
小孩的「孤食」現象

文 | Lulu EYE

從《孤獨的美食家》到《孤活女子的推薦》，近年「一個人享受美食生活」的題材廣受喜愛，「孤食」一詞也備受關注與討論。但是若一個人吃飯的是小小的身影呢？根據日本厚生勞動省於 2009 年發表的調查，一週之間全家能齊聚吃晚餐的天數只有 2 至 3 天，能共進早餐的僅占回答者的 32%。實際上「孤食」會對孩子造成什麼樣的影響呢？容易偏食只吃自己喜歡的食物、影響身心健康、缺乏與家人的互動導致社會協調性的欠缺等。日本專家極力推廣「共食」才能帶來正面影響，但也表示比起次數，如何度過共食時光才是關鍵。這一句讓也是雙薪家庭、忙碌於工作的母親們稍微鬆一口氣。我們都曾經是孩子，那些與家人的餐桌故事，都將變成長大後的精神食糧呀。

兩千所學校響應！
讓孩子自己掌廚的「便當日」

文 | Lulu EYE

你曾經在小學時為自己或家人做過便當嗎？在日本，「便當」幾乎與「母親」畫上等號，約 10 年前的 2001 年，當時在香川縣的一位小學校長卻不顧家長反對，開始推廣「便當日」，請國小五六年級的學生不只是在家庭課時學料理的基礎，甚至為自己做便當——從菜色規劃、食材採買，到料理擺飾，一手包辦。透過這為期五次的活動，學生切身體會到準備飯菜的不易，進而懂得感謝，家長也因此放手讓孩子去大膽嘗試，進而增加了親子間的對話與互動。實際成效如何？從目前日本全國有兩千所學校響應此活動，日本農林水產省也於 2017 年開始協助推廣來看，答案很清楚了。

Spokin：專為食物過敏
兒童開發的應用程式

文 | Crystal

美國每 13 個孩子之中就有 1 位食物過敏者。最有效避免過敏的方式，就是盡可能遠離那些會引起皮膚搔癢、呼吸阻滯的食物們，這在充滿加工食物的現代可不容易。一位深有所感的媽媽因此便開發了幫助食物過敏者的應用程式「Spokin」，不僅能記錄過敏源，推薦過敏友善的餐廳和食譜，更提供社群平台讓有同樣需求的人們建立連結。那些熬夜烘焙特製巧克力餅乾的媽媽們，可透過論壇交流彼此的獨門食譜，不用擔心過敏會影響孩子們體驗充實的生活。

如何可愛拐騙，向小孩
介紹「辛辣」的美好？

文 | Crystal

辛辣，也就是嘴巴被點燃的愉悅（或可怕）的感受，源自口中的辣椒素和接受器結合後，向大腦發出的灼熱訊號。儘管基因會影響辛辣耐受度，文化卻是決定人們是否享受這項考驗的要素。在墨西哥，作為全世界最早辣椒的原產地，孩子們很早就開始吃辣椒。家長們會透過摻有砂糖的辣椒粉，或是將酪梨打成泥後加入萊姆汁與辣椒，來向孩子介紹這項嶄新的味覺體驗。並從一次次習慣後逐步增加的辣椒份量中，教孩子欣賞伴隨在微微疼痛後的成就感。

Crystal
現定居美國，對於任何事物均無法克制地使盡全力去理解。醉心大腦的研究，也執迷鑽研著日常。學習是生活最基本的質地。

插畫 Minghan

Being Mother

應該學習孩子別想太多

MISAKI KAWAI
河井美咲

藝術家

文字 Agy Ker／照片 Justin Waldron提供

愛因斯坦曾在寫給朋友的信中寫道「站在我們從何而來這個偉大謎團前,你和我從未停止當個好奇的孩子」藝術家河井美咲 (Misaki Kawai) 擁有一雙與孩子無異的好奇眼睛,遠距訪問的漫長過程她始終帶著感染力十足的微笑。透過高飽和度色彩、不完美但果斷的線條、轉化生活可見的物件,創作出誇張可愛的作品,這樣的生命敘事跟她的姓氏一樣——非常 Kawai。

河井美咲與先生 Justin 在紐約認識相戀,喜歡孩子的兩人結婚後就有生子的共識,懷上女兒時正在東漢普頓藝術駐村,沒有親友在旁過度關心,反而輕鬆自在,大著肚子持續創作,直到登機期限的最後一刻,才飛回故鄉京都生下女兒 Poko。

兩人沒有因為生下孩子而停止探索世界,做什麼事情都在一起,在里斯本過完冬天、就到首爾換上夏裝;在紐約一起坐在地上創作,然後到東京參加書展;回京都的家捧著碗喝湯吃麵,也在哥本哈根草地啃硬麵包。

一家三口很適應異地生活的節奏,而最令人感到珍貴的是能在同個水平線上一起「好奇」。五歲女兒 Poko 從小就跟著媽媽創作,時而盪著爸爸做的鞦韆、時而拿起顏色揮灑幾筆,視訊時大方面對鏡頭說的第一句話不是母語而是中文「我是 Poko,謝謝!」令我們倍感親切,也驚嘆 Poko 在爸媽的陪伴下輕鬆成為未來的「國際人」。

向河井美咲請教如何讓育兒生活看起來如此平靜,她認為父母若能跟著孩子成長、不要太過認真評斷自己而導致失衡,就比較能夠在自我跟孩子的需求中找到穩定。除此之外,也會盡量往正面的方向看去,她透過孩子視角獲得珍貴的「單純」與「快樂」,因此創作能量比以往更自由、快樂。

「大人們常把事情弄得複雜,應該學習孩子別想太多,生活本該簡單。」河井美咲沒用難以執行的理念解釋她的「育兒即生活、日常即藝術」想法,說明父母只需準備足夠材料,黏土、畫筆、白紙放置在家中各處讓孩子隨手可得,就能讓孩子常創作、練習表達自己。

夫妻倆常帶孩子走入大自然,就算是在公園看花看鳥看來往的狗與貓,也能透過身體的記憶擁有很深的回饋;不需過份主動引導、稍微給點提示,孩子就能發掘更多的美。

河井美咲作品裡常出現令人會心一笑的主題,例如張開大腿閱讀的無尾熊、站姿體前彎的裸女,她一點也不擔心孩子會誤解或想歪,「孩子可是乳房大好き(最喜歡乳房)!」這是最自然的主題,敞開心胸學孩子觀察世界,河井美咲沒有最頂尖的繪畫技巧但創作富含靈魂,是一路走來的初衷。不久的將來,她更期望能建造個讓老年人、小孩、動物都能共享的空間,感受繪畫、音樂、大自然所帶來的療癒,並透過工作坊體驗「日常即藝術」。

曾經不喜歡沒有靈魂、不夠真實的 Hello Kitty 等角色,但現在 Poko 則有 Hello Kitty 的隨身鏡,也透過看佩佩豬卡通學習中文,河井美咲的多采多姿人生將帶給 Poko 什麼樣的未來?「希望她能不造成他人困擾、對待外人與自己都溫柔。」

Being Father

保持不確定帶來的包容與彈性

JUSTIN WALDRON

藝術經紀人

文字 Shinway Wang／照片 Justin Waldron提供

在一則米其林主廚的訪談裡說到 "Cocinar es una forma de decir te amo"（烹調是一種說愛的形式），當時覺得這句話平鋪直述容易理解，但直到跟這家人聊天時才有明白了，料理並不全是廚房裡發生的一切，還需餐廳經理將菜餚推薦給客人，才能成就一間好的餐廳，而作為 Misaki 的先生與經紀人 Justin Waldron 在家裡扮演的是這樣的角色——餐廳經理！？

當 Justin 說起 Misaki，他將她形容為一位大廚，發號施令、並負責所有菜色。同時，以她良好的紀律，帶著 Poko 養成規律作息，這方面對於融合工作和家庭生活的這家人非常受用。而 Justin 自己則是餐廳經理，負責對外的溝通、對內的排程，將自家拿手料理介紹予客人，或是將客人的需求傳達給大廚，安排工作進度，期待廚房能夠端出什麼新菜色；至於日常整潔，當然也是沒有人手使喚的餐廳經理得親自處理囉！

Justin 與 Misaki 同屬浪漫自由的人，但當進入工作時仍能彼此制約、一同在自己負責的區塊把事情做好：比如在忙碌的創作與展出時期，Misaki 要投注大量時間在作品上，或 Justin 得更多人溝通；這些時候，兩人怎麼調配時間與 Poko 相處？是帶著 Poko 一起創作，或是帶她去公園放電，就是個重要課題。這些時候的 Justin 會展現「餐廳經理」的長才，進行內部管理，而管理人要先懂人，越是忙碌越是可能疏忽小孩，Justin 提到這時重點是「要讓小孩感受到自己對他的關愛。」

偶爾讓 Poko 成為工作成員，是結合帶小孩兼顧工作的好方法，某種程度上更加強了「工作即生活、生活即工作」的理念。時常周遊各國，變換環境，這一家人的緊密關係，得要夫妻有著同樣的理念與步調，並且懷著對工作與家庭的責任心，才有辦法維持看似無拘無束的生活型態。

在兩人相遇前，Misaki 從大阪飛往紐約求學，Justin 則是從費城飛往東京，不甘於被束縛的兩人，各自都已經歷文化衝擊洗禮；因此對於不同的文化，兩人相較一般人有著更開闊的心胸去適應。兩人於紐約相識、相戀，然後開啟旅遊創作的生活模式，Justin 說這樣的生活是處於一種「不確定」的狀態，未來永遠都有更多變數、也可以說有更多可能，或許惟有不確定，才能激發創作。

這樣的不確定，從傳統的教養觀念來看，或許是一種冒險。然而我在與一家人視訊訪談看到的 Poko，自在地以非慣用語言的「你好！」向大家打招呼，並穩定地坐在沙發上跟著父母一起接受訪問，偶爾爬上爬下、偶爾聽了爸爸的話想要接話，輕鬆，但絕不踰矩，比起同年齡孩子，Poko 顯得更懂得應對。比父母更早經歷東西方的文化差異（Poko 出生在京都、四歲才到哥本哈根），在不確定的旅遊生活中成長，從小不被限制，Poko 的眼界得以超出同齡。

「哪是啊！」也是可以吃的「Naso^（茄子）」喔！

與 wawa 全母語對話的學校記事

文字／照片 Panay Arik

LEARNING IN MOTHER TONGUE | 河邊的母語課 | 授課老師：巴奈 | 上課地點：花蓮·南島魯瑪社河邊教室

沿著台 193 線南端的部落縱貫線，我們的 wawa（小孩）從一個部落一個部落來到位於督旮薾部落的 Pinanaman 河邊教室。拾級而上隱身在巷裡的小階梯，映入眼簾的是一幢被樹木圍繞的尖頂小木屋，這是以 Ina 戴斗笠形象而建造的房子。「Ina」是阿美族語「母親」的意思，阿美族傳統社會中，母親在我們的生命有如 Cidal（太陽）的存在，從前的 Ina 守護家族裡的土地、田地、穀種、孩子，以及由一代一代的 Ina 傳承下來的傳統知識。在河邊教室的老師，也是以 Ina 來稱呼，我們用全阿美語來教導 wawa 阿美族的文化與知識，讓 wawa 在 Ina 的守護下學習和成長。

當我一邊拿著葉子一邊說出「Papah（葉子）！」有個孩子一聽，馬上回應：「我爸爸都會帶我出去玩喔！」；還有一次，家長分享他在家和孩子對話，不小心脫口用中文說了一句：「哪是啊！」，孩子反應很快地回：「Naso^（茄子）是可以吃的唷！」

我們希望孩子從小學習母語，貼近自然、親近土地，認識自己土地上長出來的故事。在河邊教室，不論課程、遊戲、布偶故事、繪本、歌謠到日常互動，或是帶孩子到部落散步、在河邊玩水、採集食物，一起煮八菜一湯的午餐……我們都講著阿美族的母語。這群孩子從一句母語都不會，到整天沉浸在母語學習的環境中，現在他們都能流利地開口說出阿美族語。

一早，來到教室的 Ina 和 wawa 相互問候 Maratar（早安）、一起清掃環境 Miasik（掃地）、用米酒和禧詞祭拜祖靈 Mifeti（敬靈）、Romadiw（圍圈唱歌），接下來，進行每週不同的主題課程。小至單字，大至句子的使用，全母語是我們認識傳統文化的鑰匙。最開心的無非是家裡的阿公、阿嬤了，他們在這一群孩子身上重新看見母語復振的生命力。我們希望這樣珍惜自己語言和文化的意識能夠透過實際在生活中的實踐，讓孩子長回過去，也長出未來。

巴奈 (Panay Arik)
南島魯瑪社全母語河邊教室「Pinanaman」老師。
Panay 為阿美族語裡「稻穗」的意思；承自大阿姨之名，
也因出生時早產，被期許能像結實纍纍的稻穗一樣有生命力。

孩子的每次畫圖，都是一場告白

與孩子創作時，不想忘記的奇幻瞬間

文字 娜曉葦／攝影 王亮鈞

ART CLASS FOR KIDS | 畫室裡的藝術課 | 授課老師：曉葦 | 上課地點：台北·阿島 A dot Studio 畫畫工作室

那天的主題是富士山，讓孩子們自己決定畫中富士山遇到的天氣，孩子手握著水彩筆，用濃烈的橘紅色畫了一個圓，從圓圈往外畫了一條一條放射狀的線，看起來一顆炙熱的太陽正洋洋灑灑的在天空綻放，她一邊畫嘴巴一邊唸：「一個太陽……」，但畫到一半突然看了我一眼說：「老師，我看我還是畫螃蟹好了。」其中兩道陽光剎那變成了螃蟹的螯，於是一隻在藍天上漂浮的橘螃蟹誕生，這是孩子帶給我的奇幻瞬間。

繪畫對孩子來說是語言，是他們將腦中的念頭與感受具體化與視覺化的方式，是他們現階段對世界的理解，也是給我們同理孩子的一個機會。孩子的腦中邏輯尚未建構之時，什麼事都有可能，最為珍貴，像是那顆剛畫好的種子下一秒就開出一朵花。孩子畫畫的當下，像是一場正在進行中的電影，不斷滾動，我們可以期待下一妙劇情的跳躍，可能突然放晴，也可能突然一陣黑夜降臨；當看見他們用全身的肌肉把剛畫好的精采畫面塗黑，在孩子身邊的我們不需要太悲觀，這不是什麼黑暗

時刻，可能只是他畫裡的恐龍要睡了，或是突然很想畫幾顆星星。兒童繪畫的價值，在於這些沿路的過程，而非最終的成果。

馬蒂斯說：「永遠不要讓事實毀了一幅好畫。」畫得像不像沒關係，合不合理也沒關係，畫畫時孩子正在呈現他腦中的宇宙，呈現他們那顆小小又大大的心。孩子的每一次畫圖都是一場告白，你會不會希望自己的孩子在未來向喜歡的對象告白時被好好的對待呢？那我們也要好好對待、好好欣賞他的畫作，充滿好奇但不質疑，讓他們盡情的當個孩子，盡情的在畫面上坦率，盡情的閃耀那雙閃閃發亮的眼睛。

Never ruin a good painting with the truth.
—— Henri Matisse

阿島 A dot Studio
一間給小孩和大人的畫畫工作室，在這邊畫畫沒有對錯，
沒有會不會畫，只有畫得爽不爽！
小孩在這裡可以盡情地當小孩，長大的人來這裡回到小時候，回到那個無所畏懼、自在創作的樣子。

HUMAN DESIGN

人類圖的養育觀點

最後一名的用餐異類

文字 倪玼瑜／插畫 Salmo

我從小就是吃飯界的異類，就是，吃飯速度特、別、慢。如果不去幼稚園跟大家一起吃飯的話，我不過是家裡的最後一名，可惜人長大了都要上學，跟別人一起用餐才發現，啊……我在幼稚園也是最後一名呢(嘆息)。上學以後，每個在校用餐的日子，總是全班都吃完開始打掃了，我還坐在座位吃著怎麼吃都不見少的午餐。進入職場後，為了配合大家的用餐時間(也為了準時回去工作)，乾脆放棄不吃完幾乎是我的用餐日常。要是工作一忙起來，可能早餐的一顆飯糰就那樣擺在桌上，直到下班時間都只啃了幾口。

很久以後，我在「人類圖原始健康系統 (PHS) 工作坊」才知道，原來適合我的正確進食方式是平靜的環境與狀態，既不是歡樂的聚餐、也不是邊看電視邊吃、更不是在繁忙時間的隙縫中偷吃，而是自己狀態冷靜、空間安靜才能好好的吃。結合小時候的經驗，或許等所有人從餐桌離開，獨留我一人時才是我真正的吃飯時間。工作坊上，講師安節雅博士 (Dr. Andrea Reikl-Wolf) 開篇就說「人類的同質化 (制約) 從第一口奶水就開始了」，此後嬰兒一點一滴受家庭環境影響，學習家裡的規

則(幾點吃飯、幾點睡覺，想要什麼就要懂得和父母交流的手段)，逐漸了解和家人的互動方式，直到七歲制約固定，成為家裡的一份子。

在我的記憶裡，幾乎沒有被媽媽催著趕快吃、或逼著不能剩飯的印象，或許正因如此我才敢於成為最後一名的用餐異類(擁有被打掃同學白眼的強大心智)。然而不只是我，每個孩子都有自己天生的進食與吸收方式，是的，在人類圖系統裡食物的吸收也與訊息的吸收有關。有效吸收消化食物的身體才能得到滋養，也才能正確獲得個體所需的知識與健康的心靈，這一切的前提都在於，讓每個人以自己獨特的方式行動、活成自己最好的樣子。

倪玼瑜

前書店工作者，曾任誠品書店刊物《提案 on the desk》主編；現為自由編輯，剛編完專業書籍《奧地利奶奶給孩子的居家芳療小藥鋪》與《BTS THE REVIEW 當我們討論 BTS》。亞洲人類圖學院三階結業生，瑞士 Usha Veda 芳療認證二階結業，以「芳療練習生」在方格子撰文。

HOW TO EAT ?

介紹四種人類圖PHS的飲食設計

壓扁的麵包我不吃

這種設計是只對外觀美好的食物有食慾，
有這種設計的孩子宣稱明明同一塊麵包，
壓扁變形就不想吃了。

摸摸看才知道想不想吃

透過觸碰食材就能找出適合自己的食物的設計，
如果能讓孩子一起動手做菜也許能讓他吃得更健康。

愈吵愈忙才助消化

確實有適合又吵又忙碌才能消化吸收的設計，
那畫面就是邊吃邊講話、一會兒吃一會兒玩的孩子吧。
（家長崩潰？）

昏暗的燈光更有食慾

這是對光線很敏感的設計，
與其陽光明朗的早餐更幽暗寧靜的晚餐時光更適合。
（跟孩子一起燭光晚餐？）

* 每個人的原始健康系統設定不同也不僅四種，
想知道更多請諮詢專業人類圖解讀分析師。

CONSULTING ROOM

爸媽有點傷腦筋

小孩與心理師答問相談

文字 游于涵／插畫 Minghan／客座小孩 妹妹 (6y)

「家庭」這題，總是有許多難解，無處可修滿「父母親學分」或「小孩學分」，
就得面對彼此的一生——哎呀！誰家沒有讓人傷腦筋的事情呢？
以下這些疑問，或許你家也正在經歷，不知道小孩們和心理師會怎麼解？

Q: 手機手機手機……
小孩為何要一直玩手機？

是說我自己也在玩啦！但真的不知道要跟小孩在家
玩甚麼耶～帶他們出門踏青他們說太熱，約他們在
家看 Netflix 的電影又說他們喜歡看的跟我不一
樣。到底要跟小孩玩什麼？

> 你們大人不要一直看手機，不然我們會學
> 一直看手機，近視會越變越深。在家可以
> 玩一堆東西，別的不是手機的，像是音樂
> 按鈕書。

> 可以給我假手機喔！

A: 人的大腦是迷戀聲光刺激的器官，孩子的小腦袋瓜難以抵抗 3C
的誘惑很正常啊（連心理師也好難抵抗阿～）。試著來點小實驗，
跟孩子一起進行人心觀察，觀察「那些不被 3C 綁架的時刻跟平常
有何不同？」是不是有比 3C 更具吸引力的事等著他們，所以不用
3C 時也能像吃了巧克力一樣快樂呢？

想跟孩子一起享受愉悅的親子活動，首先可以從親子的「慣性生活」
中找找蛛絲馬跡：「什麼活動是親子一起做起來都有好感覺的事？」
大人練習帶著單純而好奇的心，找回童趣，孩子也很喜歡你的投入
和陪伴，其實玩什麼已經不是最重要的，而是大人小孩都享受親子
連結的每一刻美好:）

Q： 女兒身為家族中的長女，
全世界都要求甚至數落她要「讓弟弟、讓妹妹」

當我們無法控制別人怎麼教小孩，面對這些無理的
要求，我該怎麼教自己的孩子，讓她內心更強大不
至於太委屈呢？

 我還要玩的玩具可以跟弟弟妹妹用分享的，不用直接給。已經不玩的玩具，就可以直接給弟弟妹妹沒關係。

 A：

「教養觀的差異」，的確會心疼孩子、也怕孩子無法
承擔這些壓力。還好還好，這世界上還有您看見孩
子的心。

在此有三個小方法傳授給您：
（1）在他人數落孩子時，試著「平衡觀點」——公開
指出孩子有進步或很努力的地方，或者直接示範對
話，例如：「他吃飯比較慢，但是他都一口一口好好
的吃，沒有浪費喔」。

（2）關心孩子的感受，並多多與他情感連結。私下
和孩子一起談談如何面對這個困境，讓他有機會抒
發不愉快的感受，如果他有委屈的感覺，也可以協助

他正視這些感受，練習肯定「已經夠好的自己」，大
部分孩子的心理韌性是很強的！

（3）減少會發生問題的情境，若孩子的某些行為特
別會引起別人的批評，其一是逐步協助孩子調整相
關行為，其二是避免在孩子行為改善前長期暴露在
持續被批評的情境。

 Q： 我11歲的小兒子整天在跟姊姊爭「公平」

啊他就跟他姊長不一樣爭什麼爭？不得不承認我
比較喜歡我大女兒，但又不能被兒子發現。人生好
難，我都疼他們，只是心裡多喜歡女兒一點點，就
是一直偷偷摸摸地不能被發現。我很困擾，為什麼
爸爸、媽媽一定要什麼都做到公公平平？有時候真
的很難注意到耶！我又不是甚麼天秤女神，哪可以
秤的那麼準啦！

 這個問題比其他的都難，
我要回家想一下……

可以先試著了解為什麼這
位孩子會覺得大人偏心！

A： 您形容的「天秤女神」形容得太生動啦，能想像您的
雙手被兩邊拉來扯去的樣子：）要給您願意面對自己
的真心話拍拍手：到底有誰能真正公平呢？

每個孩子有他各自的習性和美好之處，我們都不見得
能完全接納自己的全部，所以有比較喜歡的孩子也是
自然反應！即使盡力做到公平，有時孩子視角仍覺得
失衡。人有種傾
向想「世界
公正」信

念（belief in a just world），認為姊姊犯錯就應該處
罰，或者覺得自己有些好處因此損失，這些想法都是
孩子「內在真實」；因此，當他覺得不公平，我們不急
著否定他的聲音，大人也不辯駁「我已經很公平了」。

回到親子關係的本質，請孩子說說他的觀點，孩子要
的或許不是真正的公平，而是渴望被父母重視、渴望
意見被採納。跟孩子一起談談他的期待，邀請他提供
幾個大家相對能接受的意見，或許我們能盡力接近的
美好狀態不是公平，而是相互接納。

Q: 與孩子溝通時要如何站在他們立場思考，以了解孩子內心呢？

孩子進入中年級後，從幼童轉換到青少年，開始有自己的想法，甚至不喜歡被插手、下指導棋。

A: 孩子隨著語言和思考發展的進步，他們大量地透過「付出行動－感受收穫」的途徑累積豐富的經驗；他們喜歡主動想、動手做，也透過「犯錯－修正」來融入這個世界，若大人過度指導，反而阻礙孩子自然發展的主動性。7–11歲的孩子，開始更多具體化的思維，也慢慢減少依靠幻想來面對壓力。愈大的孩子，我們遵循「大原則把關，小規則放寬」的方式，多花精力在欣賞孩子解決問題的歷程，將會發現孩子的視角和創意真的是無比精采呢。

> 這個問題很難！！小時候就要學好這個規矩，就是不要故意唱反調。小時候爸爸媽媽和小朋友就要常常一起練習這個問題，多多一起相處，久了習慣了，長大就比較不會這樣了。

> 這位孩子如果到了月經的年紀已經有月經了，可能就會有這樣的狀況。

Q: 對於小孩，怎麼拿捏生死問題？我可以讓她知道死亡其實很容易嗎？

A: 我曾經和四歲孩子談死亡，我問他：「什麼是死掉了？」孩子笑著說：「死掉就是變成骨頭啦」。大人有時會以為小孩子很脆弱或孩子不懂死亡，但其實不是不懂，只是孩子的死亡觀和大人不同。小小孩的死亡概念不是永恆的，幼齡的孩子相信死亡是「可以反轉的」，意即死亡只是暫時，死掉的人很快就會回來；年長一點的孩子可以意識到「死亡」意味生命不會再回來，但因為發展的限制，他們會把死亡歸納為一個很特殊的原因，例如：「外婆死掉是因為我不乖」。

因此，如果是要陪伴孩子面對死亡的哀悼議題，或陪伴他認識死亡，需能在各式各樣的機會（通常是機會教育）和孩子充分談論對死亡的想法和對死亡的感受，又或者是輕鬆讓孩子意識到生命源自哪兒？生命如何有其限度？用問問題或探索的方式，帶孩子認識世界萬物的生命週期，例如：

「你知道格陵蘭鯊可以活到270歲嗎？你知道有些品種的螞蟻只能活三個星期？」

「我們人的身體大部分是水做的喔！在還沒長高以前，這些水都還在尼羅河裡奔流！」

這些探索過程更重要的是：無論孩子的觀點如何，試著包容和接納孩子對於死亡的各式觀點，自然沒有對錯好壞之分。

另外，臨床上有時會發現孩子談死是比較負面的觀點或者絕望的談死亡，例如：「我不如死了算了」或「想讓×××死」，雖然他對死亡說法是那麼直接或看似未經後果的思考，但語言的背後往往是一種求救訊號，透露著孩子孤立無援的絕望感受，這個時候千萬別以喝斥或否認的角度與他對話，要循著軌跡探索那些令他無助的經驗，必要時求助專業的評估和諮詢。

> 死亡就是死掉，就沒有了，永遠就不會再出現了。有可能有長得很像的，但就不是，像媽媽以前養的柴犬。

客座心理師 | 游于涵
捲捲心理師，小朋友口誤時會叫我魚老師（可能是因為名字念起來是可口的魷魚吧）。目前任職於南部某醫學中心的心智科，也穿梭在兒癌病房陪伴大小孩子。不工作的時候最愛睡覺作夢，更愛天馬行空聊宇宙。

HOMECOOK
— Recipe —

家常菜——炒出了一家人的味覺記憶

全家一致同意：這道一定吃！
五戶人家的家常食譜大公開

插畫 常芷／文字 劉怡青 周項萱 劉秝緁 高毓安

關於家常菜，吉本芭娜娜在《食記百味》中提到「家常菜的厲害，在於它才是塑造這個社會、傳承精心培養的美味，而且是其人死後即消失不見的唯一絕對味道。」而泰國人會在喪禮上派發紀念冊，裡面搜集逝者生前家常菜的食譜，不但彰顯其人的廚藝本領，還讓後人用味道記憶。

Homework在第一期拜訪了諸多人家的餐桌時光，那些看似日常再不過的家常菜，有著一些可愛的個性，像是，份量抓不太精準的調味比例，口味會隨著家庭的狀態喜好而有所變異，家常以家為名，還有著一代傳一代的特性，標示出彼此為同家人的印記。我們請這期的受訪家庭選出一道代表自家的料理，最強特點就是要「吃都吃不膩」，還要有著能讓孩子「要吃」的特性，將這道菜的故事與做法公開來，不服就，做來吃看看！

Spaghetti Pesto

紫蘇青醬義大利麵 by 川川家

廚房中島備料就位，今晚主餐是紫蘇青醬義大利麵，步驟已經拆解打散到三菜一湯的製作流程裡面。首先是製作青醬，把新鮮紫蘇葉和九層塔從莖上捻下——這也是川川目前少數能參與的部分——接著連同松子、鹽巴、黑胡椒和橄欖油倒進黃色攪拌盆，拿出原本是為了製作副食品而買的食物攪拌棒打碎成醬，再刨入大量帕瑪森起司。芝羚調味憑手感，沒有必要幾茶匙的精準，而靠味覺直接確認——再補點鹽巴嗎？拌勻冰進冰箱前隨時可以調整。

青醬完成後，煮湯的南瓜恰好蒸熟，烤箱也預熱得差不多；南瓜濃湯在爐上慢滾，中午醃好的雞腿肉和蔬菜分批進烤箱，同時芝羚取鍋炒菇，以奶油將三種菇炒得金黃，就著熱氣直接拌入稍早打勻的青醬基底。煮義大利麵是上桌開飯前的最後一件事情，醬、菇、麵，三位主角沒在爐上見過彼此，只是「拌一拌」，就在餐盤裡完美融合了。

INGREDIENTS

(6人份)

新鮮紫蘇和九層塔……各1把
松子……1杯
鹽巴、黑胡椒、橄欖油、帕瑪森起……酌量
奶油……酌量
雪白菇、鴻喜菇、白精靈菇……各1包
義大利麵……6人份

STEPS

1. 將新鮮紫蘇和九層塔葉子取下，連同松子、鹽巴、黑胡椒和橄欖油加入攪拌盆，使用電動攪拌棒攪打成青醬。
2. 將青醬刨入帕瑪森起司，試試味道，不夠鹹再加點鹽。完成冰入冰箱備用。
3. 平底鍋預熱，取奶油入鍋後放入切好的三種菇拌炒。
4. 菇炒熟後趁熱拌入稍早製作好的青醬備用。
5. 準備一鍋水，煮滾後將義大利麵條入鍋煮六分鐘，麵條煮熟後撈起瀝乾。
6. 最後，將麵條加入菇菇青醬中拌勻，即可盛盤上桌！

Banana Muffin

×

香蕉瑪芬 by 豆豆家

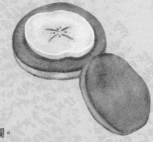

這天傍晚為了做香蕉蛋糕，Grace提前和農夫阿姨要來一串芭蕉，皮仍青綠，嘗試與蘋果放在一塊兒催熟，然而催得不夠久，直到開始製作前，都還是很生硬的樣子。但這不妨礙，看起來沒熟透的香蕉，也能變成療癒的點心。動工了，Grace褪去青色外皮，掰一小口塞到豆豆嘴裡，豆豆成了香蕉甜度評審員，「有甜嗎?」媽媽問，豆豆若有所思地點點頭。

看來可以，這就繼續進行吧，搗爛香蕉、打蛋攪和麵糊……送入烤箱後不久，滿室甜香，嗅覺上的判斷是，這批香蕉絲毫沒有不甜的問題。最後實吃，不但足夠甜蜜，甚至有著芭蕉未熟的微酸，賦予這些小巧可愛的瑪芬蛋糕更有層次的風味，死甜太無趣了，酸酸甜甜才是生活的滋味。

INGREDIENTS

小芭蕉……4根 (或是正常尺寸的香蕉2根)
瑪芬蛋糕預拌粉……1包 (約 350 克)
雞蛋……2顆
植物油……¼杯
白開水……¾杯

STEPS

1.將芭蕉去皮後攪爛。

2.取一調理盆，倒入預拌粉，打入雞蛋，最後加入植物油和水，全部混合均勻。

3.在調理盆中混入香蕉泥。另取一條香蕉切薄片備用 (可省略)。

4.於烤模中刷上一層薄油，將混合物填入烤模，裝盛至½處即可，讓蛋糕有空間膨起。

5.在每格烤模中放一香蕉薄片作為蛋糕頂端裝飾用，香蕉若切太多了，就吃掉吧。

6.烤箱事先預熱到 220℃，將烤盤送入，約 15–20 分鐘，不時觀察熟度。

7.出爐後，用一竹籤戳看，確認竹籤上沒有麵糊沾黏，蛋糕就是熟透了。

Spaghetti Bolognese

蔬菜肉醬義大利麵
by 菲菲棠棠家

本來是大人版的滿滿肉醬義大利麵，因為有了孩子而開始滿載著蔬菜，屬於菲菲棠棠家的義大利麵，是餐桌上怎麼也吃不膩的真愛，一次一次調整食材，最後版本是擁有全家人的喜愛，愛與養分，都超豐盛！

這是一道菲菲從頭參與到尾的菜，從把蔬菜剪小開始，菲菲小個頭的身影就踩上凳子，在廚房裡跟著Shelly一起料理，以Shelly事先熬好的番茄醬汁為基底，加上喜歡的蔬菜，菲菲看火侯、抓取義大利麵份量，最後一定要加上起司，Shelly笑說較昂貴的天然起司兄妹都不愛，偏好量販店就能買到的兒童起司片，爸爸媽媽只有這點，要將就點！

INGREDIENTS

胡蘿蔔、玉米筍與花椰菜……適量切丁
洋蔥……半顆
蒜末……3瓣
二砂糖……5g
海鹽……3g
豬絞肉……360g
鴻禧菇……半朵
新鮮番茄丁……100g
綜合義大利香料……適量
帕瑪森起司粉……適量
自製番茄糊……400g (使用市售品也可)

STEPS

1. 熱鍋加入橄欖油，洋蔥入鍋炒至透明。
2. 加入豬絞肉，先不炒散，將肉鋪平微煎一下，降低豬肉的肉腥味。
3. 倒入蒜末，將肉邊壓邊炒散，加入糖5g、海鹽3g、胡蘿蔔、玉米筍、鴻禧菇一起炒香。
4. 新鮮番茄丁及自製番茄糊加進鍋內燉煮，並用新鮮番茄丁剩餘的湯汁來調整肉醬濃度，覺得太稠可以100ml左右的水調整。
5. 花椰菜入鍋，繼續拌煮10-15分鐘至肉醬稍微收汁，可撒香料增加風味。
6. 最後淋在煮好的義大利麵上，灑上帕瑪森起司粉便完成。

Radish Pickle

（沒有）柚子的醃蘿蔔
by Poko家

"no rice, no life!" 對Misaki而言，日本味就是心中的歸屬感。大概是Misaki家住在美國洛杉磯那時開始，還是小Baby的Poko嘴裡總是咬著水煮白蘿蔔，一直到慢慢長出牙齒後就開始啃起「柚子醃蘿蔔」，「我想她從那個時候就已經是個白蘿蔔迷了」Misaki回想。

Poko兩歲生日的時候，Misaki送她一把小朋友專用的安全菜刀。一開始，請她幫忙切軟軟的豆腐，有的時候也會請她一起把鬆餅的材料倒進料理碗攪拌攪拌，然後料理碗中的東西就只剩下不到一半……其他全部掉到地板上了。

不過最近從早晨開始，常常聽Poko主動說著「今天早餐想吃什麼?」「早餐就來煎薄餅吧!」「點心時間就來烤起司蛋糕好了!」「午餐Poko會做壽司喔!」「晚餐就來包餃子吧!」就算弄得有點亂七八糟，可以跟她一起料理，或是看著她一個人料理。那個努力認真準備食物的樣子，讓Misaki感到開心又美味!

洗衣服跟打掃也一樣，不完美也沒關係，大概有做到就OK，一起開心做才重要!Misaki總認為身為家中的一份子，大家一起互相幫忙的姿態真的是非常可貴。但Poko也不是每天都這麼積極啦，她想到的時候，就會幫忙她能做到的事情。

這次Misaki要向各位分享日本母親傳授的「柚子醃蘿蔔·YUZU　DAIKON」，但由於西方國家很難可以買得到柚子，所以今天呈現的是「（沒有）柚子的醃蘿蔔·NO YUZU DAIKON」。

INGREDIENTS

白蘿蔔……500g
鹽……1大匙
砂糖……50g
白醋……40cc

STEPS

1. 白蘿蔔削皮後，切成薄片或是塊狀等喜歡的大小放進料理碗中。
2. 料理碗中加入少許鹽巴放置約五分鐘後，把水收乾。
3. 將材料中的調味鹽巴、砂糖以及白醋加入容器中。
4. 用手幫蘿蔔按摩按摩的同時也下點咒語「變好吃吧～!」
5. 放置數小時後放，就可以美味享用日本家鄉味的醃蘿蔔。

Grilled Fish

鹹冬瓜蒸鯖魚 by 布拉魚家

猩弟回憶每年端午節過後去宜蘭，道路兩旁屋簷下，都上演著曬冬瓜醬菜的景象，一直到中秋。宜蘭人會把握盛夏難得的陽光，和盛產的冬瓜，努力把冬瓜做成醃醬菜。猩弟家每年都會收到宜蘭姑婆醃的鹹冬瓜，好幾大甕，放在庭院、放在廚房角落，吃上兩三年都沒問題。媽媽做菜時就去挖一匙的那個動作，一直留在猩弟的記憶裡，那是讓菜變得更好吃的神奇秘方。直到那一大甕吃到見底，猩弟緊張問媽媽說「你不會做嗎？姑婆老了（我們）吃不到怎麼辦？」她便去向姑婆學。

「這些古早味很可惜，沒有美美的外表。味道實實在在，可以一吃再吃，不會膩！」猩弟認為醃漬鹹冬瓜是在這個講求速度的年代，吃得到時間、難得的美味。味道隨著每年冬瓜的含水量、日照狀態而有不同，她做失敗了三年，直到今年才製作成功。「布拉有機會去學蛋糕做甜點，我不把這個東西記錄下來，就沒得學了。」每年製作時，布拉魚都會跟在旁邊看，看冬瓜從圓滾滾的樣子，變得乾扁香醇，放在母女最愛吃的自家鯖魚上，不用鹽巴醬油，清蒸起來就香氣十足。

屬於家常最無可取代的體驗是，「每一次的味道都不同，每一次吃都有時間存在的痕跡。」猩弟醃上好幾甕放在家裡，從製作到享用，都是給布拉魚最棒的味覺記憶。

INGREDIENTS

醃漬鹹冬瓜
冬瓜……3kg
豆粕……600g
米酒……120cc（醃漬用）
米酒……一罐（洗豆粕用）
鹽……250g
冰糖……50g

鹹冬瓜蒸鯖魚
鯖魚……一條
食用油……一匙

STEPS

醃漬鹹冬瓜
1.冬瓜儘量挑選籽少肉厚的，切成約10公分高，直接使用刀子去皮，邊切邊轉圈。
2.使用刀子去除中間的冬瓜籽後，切成塊。
3.冬瓜切好後日曬，曬到表皮有點皺皺的；或是進烤箱70度（溫度不能高）一小時半，拿出用電扇吹半天，也可以。
4.將米酒倒入豆粕中，清洗豆粕，來回左右攪拌，讓豆粕充分浸到米酒。
5.準備篩網，將米酒水倒掉。步驟4.5.重複三遍，將豆粕洗乾淨，醃冬瓜色澤會較美。
6.洗乾淨的豆粕，加入冰糖、海鹽，均勻攪拌。
7.取消毒過後的甕或密封罐，底層先放步驟6.的豆粕，再放步驟3.的冬瓜，一層豆粕，一層冬瓜，冬瓜要排得緊密。
8.倒入米酒，份量約密封罐的1/3即可。
9.放在太陽下曬一天，隔天移入陰暗處，放置三個月就可以開來吃了。

鹹冬瓜蒸鯖魚
1.鯖魚退冰，擦乾，淋上鹹冬瓜和一匙油。
※蒸魚不要忘記放一匙油，醬汁和魚肉能夠比較融合，才會好吃！
2.電鍋內加入一杯水，先預熱，待10分鐘外鍋的水有滾後，再放魚下去蒸。
※蛋白質瞬間預熱凝結，魚肉和湯汁才會清爽無腥味
3.不用加米酒，蒸出來的魚汁一樣不會腥，好清好鮮。

Field *Research*

溫溫的田野事件簿

TIME 08:00	TEMPERATURE 30℃	LOCATION 山坡邊的家庭菜園

平日白天，五歲的溫溫和爸爸一塊去田裡幹活。

當大人農忙時，小小身體也沒停閒。在農舍跑進爬出、或者與鄰地的孩子建立祕密基地。

未讀幼稚園的溫溫，大地萬物是他的課本；蔬果、昆蟲是他的同學；

而父母身兼老師，是他耳濡目染的對象。在田裡，當個萬能的小助手，除草、種植、採收樣樣都行。

跟蹤溫溫半日，紀錄他身處大自然中，發生的趣味事件有這些⋯⋯

關於溫溫一家

成員三人，主廚媽媽 Wendy、綠手指暨甜點師傅爸爸 Sean，

共同在新北的山上社區養育女兒溫溫，

以及飲食品牌「JAUNE PASTEL 鵝黃色甜點廚房」。

1

──── 帶廚師媽媽去巡田 ────

Patrolling

2

──── 溫溫種馬鈴薯 ────

Planting

今天，媽媽走出廚房，跟著溫溫一起去菜園，和田裡的爸爸會合。通往菜園小徑的草有點長，媽媽看著溫溫說：「你可以嗎？」腳踩藍色雨鞋叉著腰，溫溫神氣地說：「可以！跟我來。」比媽媽還熟識附近的地形，身手矯健走第一，還能回報路況，「小心，有蝸牛。」轉身叮嚀媽媽，要小心腳步，地上有正在努力前進的小生命。

拐左往右，輕快向下行，踏過矮籬笆，抵達爸爸的菜園。正處夏末初秋，田的景色不如上次熱鬧，帶著媽媽巡田，媽媽環顧四周說：「都採收完了。」不過，在溫溫視線裡，有許多正在成長的小苗，手指向棚架說：「有絲瓜。」或者，地上一叢叢不同形狀的葉子，他也能一一辨別，細數皇宮菜、秋葵、還有刺蔥。他對田裡的事很熱衷，好奇問溫溫：「變成大人，要像爸爸當農夫種菜？還是跟媽媽一樣當廚師？」

「我都不要。」溫溫大聲回答。

來到世界的年資尚淺，未來要做些什麼？有著自己的節奏，盡情探索中。而在溫溫的腳步後，一路跟隨的有父母溫柔陪伴的眼神與照顧。

「吼！鋤頭在哪哩啦？」

「怎麼不是放在這裡啦！」

地上一盆發芽的馬鈴薯，是準備要種下的作物，溫溫從旁觀摩爸爸農作多時，也一起上過農耕課。於是，他正在找工具，試著幫忙爸爸的農務。

「拔拔，鋤頭到底在哪啦！」在農舍來回數次還是沒頭緒，溫溫呼喊不遠處，正在忙碌的爸爸。

「你要不要看看溫室。」爸爸試著提醒，又一面咕噥著：「馬鈴薯還沒切，不能種啦。」*

找到鋤頭，拿起裝滿粗糠的桶子和三顆馬鈴薯後，大聲宣告：「走吧！」選定土地，溫溫有模有樣帶起手套，拔除雜草，再挖出個窟窿，撒入大把粗糠後埋入發芽馬鈴薯。一氣呵成，連種三顆。滿意自己，有點大人的樣子。

遠遠望著，始終沒出手阻止的爸爸，幽幽地說：「沒關係，我再把它挖出來。」

*馬鈴薯的種植，一般是把做為種薯的馬鈴薯進行分割，沿著出出芽處切開後，可以種植出更多的馬鈴薯。

3
—— 點名昆蟲 ——
Naming

在田裡,有許多昆蟲,當溫溫看見時,會大聲說出他們的名字。最神奇的事,是在溫溫的眼裡,昆蟲好似沒有保護色,不管多麼隱密,都能一一點名。

「有一隻蜥蜴,你快看!」
『咦!在哪裡?』

「你知道這是什麼蟲?」
『嗯……天牛嗎?』
「很接近,都會臭臭的,牠是椿象。」

「這邊有一隻蜻蜓,你猜他在哪裡?」看著這片泥土地,毫無頭緒的大人,隨意指一處。

「不對!你再猜一次,猜不到我會給你提示。」
『這裡?』
「不是啦!在這裡啦!」

你也曾這麼覺得嗎?孩子常常能察覺大人沒注意的事物。或許,並非我們看不見,而是總有太多事讓我們分心了!

看看他在做什麼，
捕捉親子相處的漏網鏡頭，
我們下回見！